高等职业教育安徽省“十四五”规划教材
高等职业教育安徽省“十三五”规划教材
安徽省高等学校质量工程省级一流教材建设项目

数控原理与系统

第2版

主　编　郑晓峰　张　涛
参　编　韦凤慈　关雄飞
主　审　张光跃

机械工业出版社

本书是高等职业教育安徽省“十三五”“十四五”规划教材，安徽省高等学校质量工程省级一流教材建设项目。本书详细介绍了数控原理的基础知识，以 FANUC 系统为例讲解了数控系统的连接与调试，主要包括数控系统的硬件连接、进给驱动系统、主轴驱动系统、位置检测装置、数控系统中的 PLC 控制，其他典型数控系统的硬件连接等。本书以项目化教学贯穿，强调讲练结合，内容浅显、易懂、实用，以突出学生动手能力为主线。

本书主要作为高等职业院校数控技术、机电一体化技术、智能制造装备技术（原数控设备应用与维护、自动化生产设备应用）等相关专业的教材，同时可供有关专业技术人员参考。

本书配有电子课件等资源，凡使用本书作教材的教师可登录机械工业出版社教育服务网（http://www.cmpedu.com），注册后免费下载。咨询电话：010-88379375。

图书在版编目（CIP）数据

数控原理与系统/郑晓峰，张涛主编．—2 版．—北京：机械工业出版社，2021.10（2024.7 重印）

高等职业教育安徽省“十三五”规划教材

ISBN 978-7-111-69414-4

Ⅰ.①数…　Ⅱ.①郑…②张…　Ⅲ.①数字控制系统-高等职业教育-教材　Ⅳ.①TP273

中国版本图书馆 CIP 数据核字（2021）第 217526 号

机械工业出版社（北京市百万庄大街 22 号　邮政编码 100037）

策划编辑：王英杰　　　　责任编辑：王英杰

责任校对：樊钟英　刘雅娜　封面设计：张　静

责任印制：单爱军

北京虎彩文化传播有限公司印刷

2024 年 7 月第 2 版第 5 次印刷

184mm×260mm · 10 印张 · 240 千字

标准书号：ISBN 978-7-111-69414-4

定价：35.00 元

电话服务　　　　　　　　网络服务

客服电话：010-88361066　机　工　官　网：www.cmpbook.com

010-88379833　机　工　官　博：weibo.com/cmp1952

010-68326294　金　书　网：www.golden-book.com

　机工教育服务网：www.cmpedu.com

前言

本书是在第1版的基础上，吸取原教材在教学实践中所取得的经验修订而成的。

修订前，编者结合《国家职业教育改革实施方案》《教育部等四部门关于在院校开展“学历证书+若干职业技能等级证书”制度试点方案》和《教育部办公厅 国家发展改革委办公厅 财政部办公厅关于推进1+X证书制度试点工作的指导意见》，针对“1+X”数控设备维护与维修职业技能等级证书要求，紧密围绕专业培养目标，广泛听取有关院校师生及企业技术层的意见，确定了修改的重点和总体方案。

此次修订工作主要体现在以下几个方面：

1. 调整原书体系为项目式体例，并对原书的部分内容进行了增、删或改写，使之更便于教与学。

2. 增加了智能制造以及近些年高档数控机床发展的相关内容；对原第二章、第三章、第四章内容进行了大幅度删改，保留了数控系统工作过程的认知以及插补原理的简介，增加了系统参数装载、备份的实操内容；将第1版中的“伺服系统”调整为“进给驱动系统”“主轴驱动系统”，增加了模拟主轴、串行主轴的连接与调试内容；“位置检测装置”调整更新了工程中使用较多的检测装置的介绍；“数控系统中的PLC控制”增加了FANUC系统典型控制功能程序的介绍；引入了目前应用较多的典型系统，如FANUC 0i-F、SIEMENS 828D、HNC 818T系统等。

3. 为贯彻落实党的二十大精神，推进教育数字化，编写团队制作了课件、题库、动漫、视频等教学资源，实现了“纸”“数”有机融合，便于学生的网上学习和提高学习兴趣。

4. 部分习题更加结合实际，便于提高学生的求知欲及解决实际问题的能力。

本书由安徽机电职业技术学院郑晓峰和张涛担任主编，编写分工如下：郑晓峰编写项目一、项目七，张涛编写项目二、项目四、项目五，韦凤慈编写项目三、项目六的任务一和二，关雄飞编写项目六的任务三。玉柴联合动力股份有限公司工程师罗攀等对本书的编写工作提出了很多指导和帮助，在此一并深表感谢。

本书由重庆工业职业技术学院张光跃教授担任主审。

本书在编写过程中参阅了国内出版的教材、资料与文献，在此向相关作者谨致谢意。

由于编者的能力和水平所限，书中难免会有不妥之处，恳请读者予以批评指正，以便今后不断改进。

编 者

二维码清单

名　　称	图形	页码	名　　称	图形	页码
数控系统的组成		3	光栅尺的工作原理		94
智能制造生产线单元		10	FANUC I/O 装置		109
逐点比较法		29	FANUC PMC 各页面介绍		115
数控系统参数的备份与装载(开机后)		40	SIEMENS 828D 系统硬件		133
数控系统参数的备份与装载(开机前)		43	FANUC 0i-F 系统的硬件		145
伺服系统的介绍		48	HNC-818T 系统的硬件		147
模拟主轴和串行主轴的区别		73			

目 录

项目一 数控系统概述

项目描述

数控系统是数控机床的核心组成部分，通过学习数控系统的基本概念，掌握数控系统的组成及各部分的功能，可对数控系统有一个较完整的认识。

学习目标：

- 数控系统的基本概念及特点；
- 数控系统的组成及工作过程；
- 数控系统的分类；
- 数控系统的发展趋势。

项目重点：

- 数控技术概念的理解；
- 数控系统的分类；
- 数控系统的发展方向。

项目难点：

- 闭环与半闭环控制系统的区别和联系。

任务一　数控系统基本概念的认知

数字控制（NC，Numerical Control）简称数控，是指利用数字化的代码构成的程序对控制对象的工作过程实现自动控制的一种方法。数控系统（NCS，Numerical Control System）是指利用数字控制技术实现自动控制的系统。数控系统中的控制信息是数字量（0，1），它与模拟控制相比具有许多优点，如可用不同的字长表示不同精度的信息，可对数字化信息进行逻辑运算、数学运算等复杂的信息处理工作，特别是可用软件来改变信息处理的方式或过程，具有很强的“柔性”。

数控设备则是采用数控系统实现控制的机械设备。操作命令用数字或数字代码的形式来描述，工作过程按照指定的程序自动地进行，装备了数控系统的机床称为数控机床。数控机床是数控设备的典型代表，其他数控设备包括数控雕刻机、数控火焰切割机、数控测量机、数控绘图机、数控插件机、电脑绣花机、工业机器人等。

数控系统的硬件基础是数字逻辑电路。最初的数控系统是由数字逻辑电路构成的，因而被称为硬件数控系统。随着微型计算机的发展，硬件数控系统已逐渐被淘汰，取而代之的是当前广泛使用的计算机数控（CNC，Computer Numerical Control）系统。CNC系统是由计算机充当数控中的命令发生器和控制器的数控系统，它采用存储程序的方式实现部分或全部基本数控功能，从而具有真正的“柔性”，并可以处理硬件逻辑电路难以处理的复杂信息，性能大大提高。

CNC系统具有如下优点：

1. 柔性强

对于CNC系统，若需改变其控制功能，只要改变其相应的控制程序即可。因此，CNC系统具有很强的灵活性——柔性。

2. 可靠性高

在CNC系统中，加工程序通常是一次性输入存储器的，许多功能均由软件实现，硬件采用模块结构，平均无故障率很高，如FANUC公司的数控系统平均无故障时间已达23000h。

3. 易于实现多功能复杂程序控制

由于计算机具有丰富的指令系统，能进行复杂的运算处理，因此其可实现多功能、复杂程序控制。

4. 具有较强的网络通信功能

随着数控技术的发展，要想实现不同或相同类型数控设备的集中控制，CNC系统必须具有较强的网络通信功能，便于实现直接数控（DNC，Direct Numerical Control）、柔性制造系统（FMS，Flexible Manufacture System）、计算机集成制造系统（CIMS，Computer Integrated Manufacture System）等。

5. 具有自诊断功能

较先进的CNC系统自身具备故障诊断程序，具有自诊断功能，能及时发现故障，便于设备功能修复，大大提高了生产率。

任务二 认识数控系统的组成

数控系统一般由输入/输出装置、数控装置、伺服驱动装置和辅助控制装置四部分组成，有些数控系统还配有位置检测装置，如图1-1所示。

1. 输入/输出装置

在加工过程中，操作人员要向机床数控装置输入操作命令，数控装置要为操作人员显示必要的信息，如坐标值、报警信号等。此外，输入的程序并非全部正确，有时需要编辑、修改和调试。以上工作都是机床数控系统和操作人员进行信息交流的过程，要进行信息交流，CNC系统中必须具备必要的交互设备，即输入/输出装置。

键盘和显示器是数控系统不可缺少的人机交互设备。操作人员可通过键盘和显示器输入程序、编辑修改程序和发送操作命令，即进行手动数据输入（MDI，Manual Data Input），因而键盘是MDI中最主要的输入设备。数控系统通过显示器为操作人员提供必要的信息，根据系统所处的状态和操作命令的不同，显示的信息可以是正在编辑的程序，或是机床的加工信息。较简单的显示器只有若干个数码管，显示的信息也很有限；较高级的系统一般配有CRT显示器或点阵式液晶显示器，显示的信息较丰富；低档的显示器或液晶显示器只能显

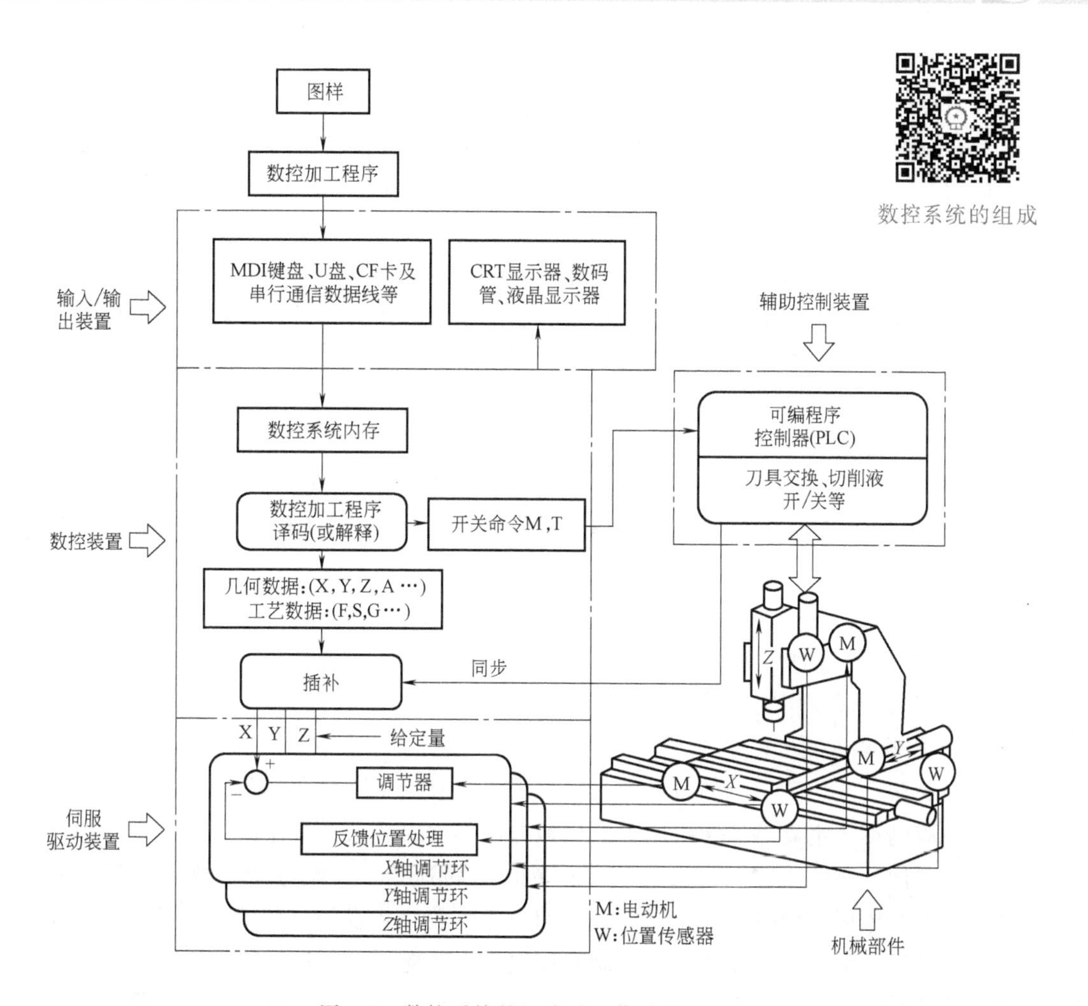

图 1-1 数控系统的组成及工作过程

示字符，中高档的显示系统能显示图形。

数控加工程序编制好后，一般存放在便于输入到数控装置中的一种控制介质上。传统的方式是将编制好的程序记录在穿孔纸带或磁带上，然后由纸带阅读机或磁带机输入数控系统，因此纸带阅读机和磁带机是早期数控机床的典型输入设备。

随着计算机技术的发展，一些计算机中的通用技术也融入数控系统，如磁盘作为存储程序的介质被引入数控系统。与穿孔纸带相比，磁盘存储密度大，存取速度快，存取方便，所以应用越来越广泛。现在采用的 U 盘存取容量更大，速度更快。

数控机床程序除可用上述的键盘、U 盘、磁盘、磁带和穿孔纸带输入外，还可以用串行通信的方式输入。随着 CAD、CAM、CIMS 技术的发展，机床数控系统和计算机的通信显得越来越重要。

2. 数控装置

数控装置是数控系统的核心。它的主要功能是将输入装置传送的数控加工程序，经数控装置系统软件进行译码、插补运算和速度预处理，产生位置和速度指令以及辅助控制功能信息等。系统进行数控加工程序译码时，将其区分成几何数据、工艺数据和开关功能。几何数据是刀具相对于工件运动路径的数据，利用这些数据可加工出要求的工件几何形状；工艺数据是主轴转速 S 和进给速度 F 等功能数据；开关功能是对机床电器的开关命令，如主轴起/停、刀具选择和交换、切削液的开/关、润滑液的起/停等。

数控装置的插补器根据曲线段已知的几何数据以及相应工艺数据中的速度信息，计算出曲线段起点、终点之间的一系列中间点，分别向机床各个坐标轴发出速度和位移信号，通过各个轴运动的合成，形成符合数控加工程序要求的工件轮廓的刀具运动轨迹。

由数控装置发出的开关命令在系统程序的控制下，输出给机床控制器，在机床控制器中，开关命令和由机床反馈的应答信号一起被处理和转换为对机床开关设备的控制命令。现代数控系统中，绝大多数机床控制器采用可编程序控制器（PLC，Programmable Logical Controller）实现开关控制。

数控装置控制机床的动作可概括为：

1）机床主运动，包括主轴的起/停、转向和速度选择。

2）机床的进给运动，如点位、直线、圆弧、循环进给的选择，坐标方向和进给速度的选择等。

3）刀具的选择和刀具的长度、半径补偿。

4）其他辅助运动，如各种辅助操作、工作台的锁紧和松开、工作台的旋转与分度、工件的夹紧与松开以及切削液的开/关等。

3. 伺服驱动装置

伺服驱动装置包括主轴伺服驱动装置和进给伺服驱动装置两部分。伺服驱动装置由驱动电路和伺服电动机组成，并与机床上的机械传动部件组成数控机床的主传动系统和进给传动系统。主轴伺服驱动装置接收来自 PLC 的转向和转速指令，经过功率放大后驱动主轴电动机转动。进给伺服驱动装置在每个插补周期内接收数控装置的位移指令，经过功率放大后驱动进给电动机转动，同时完成速度控制和反馈控制功能。根据所选电动机的不同，伺服驱动装置的控制对象可以是步进电动机、直流伺服电动机或交流伺服电动机。伺服驱动装置有开环、半闭环和闭环之分。

4. 辅助控制装置

辅助控制装置是介于数控装置和机床机械、液压部件之间的控制装置，通过 PLC 来实现其功能。PLC 和数控装置配合共同完成数控机床的控制。数控装置主要完成与数字运算和程序管理等有关的功能，如零件程序的编辑、译码、插补运算、位置控制等。PLC 主要完成与逻辑运算有关的动作。零件加工程序中的 M 代码、S 代码、T 代码等顺序动作信息，译码后转换成对应的控制信号，控制辅助控制装置完成机床的相应开关动作，如工件的装夹、刀具的更换、切削液的开关等；它接收机床操作面板和来自数控装置的指令，一方面通过接口电路直接控制机床的动作，另一方面通过伺服驱动装置控制主轴电动机的转动。

5. 位置检测装置

位置检测装置与伺服驱动装置配套组成半闭环和闭环伺服驱动系统。位置检测装置通过直接或间接测量将执行部件的实际进给位移量检测出来，反馈到数控装置并与指令（理论）位移量进行比较，将其误差转换放大后控制执行部件的进给运动，以提高系统精度。

任务三 认识数控系统的分类

数控系统的品种规格繁多，它由输入/输出装置、数控装置、辅助控制装置、伺服驱动装置等组成，其中数控装置是核心。无论哪种数控系统，虽然其各自的控制对象可能各不相同，但控制原理基本相同。

一、按运动轨迹分类

按照运动轨迹，数控系统可分为点位控制系统、直线控制系统和轮廓控制系统。

1. 点位控制系统

点位控制的数控系统仅控制机床运动部件从一点准确地移动到另一点，在移动过程中不进行加工，对运动部件的移动速度和运动轨迹没有严格要求，运动部件可先沿机床一个坐标轴移动完毕，再沿另一个坐标轴移动。为了提高加工效率，保证定位精度，点位控制系统常要求运动部件沿机床坐标轴快速移动接近目标点，再以低速趋近并准确定位。采用这类系统的机床有数控钻床（见图 1-2）、数控镗床、数控压力机、数控测量机等。

2. 直线控制系统

直线控制的数控系统除了控制机床运动部件从一点到另一点的准确定位外，还要控制两相关点之间的移动速度和运动轨迹。在移动的过程中，刀具只能以指定的进给速度切削，其运动轨迹平行于机床坐标轴，因此其一般只能加工矩形、台阶形零件。采用这类系统的机床有数控车床（见图 1-3）、数控铣床等。

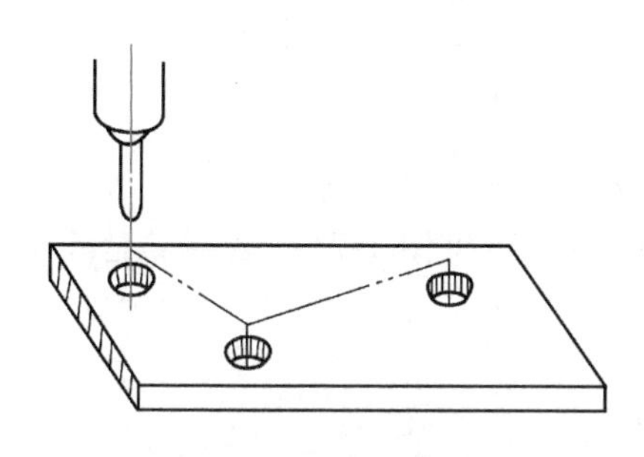

图 1-2 数控钻床的点位控制

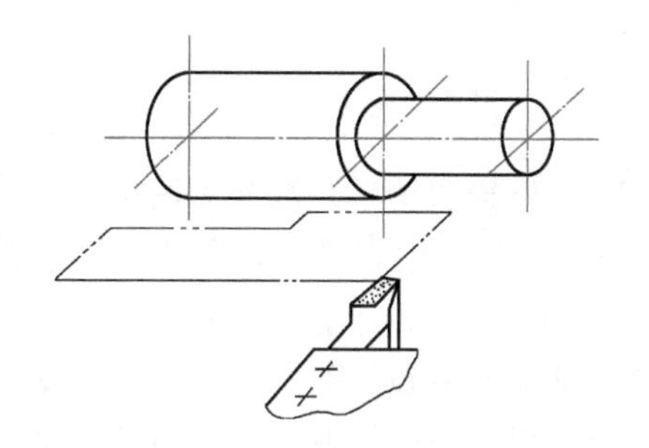

图 1-3 数控车床的直线控制

3. 轮廓控制系统

轮廓控制系统也称为连续控制系统。这类控制系统能够对两个以上机床坐标轴的移动速度和运动轨迹同时进行连续相关的控制。轮廓控制系统要求数控装置具有插补运算功能，并根据插补结果向坐标轴控制器分配脉冲，从而控制各坐标轴联动，进行各种斜线、圆弧、曲线的加工，实现连续控制。采用这类系统的机床有数控车床、数控铣床、数控线切割机床（见图 1-4）、加工中心等。

轮廓控制系统按所控制的联动轴数不同，可以分为下面几种主要形式。

（1）二轴联动 主要用于数控车床加工曲线旋转面或数控铣床加工曲线柱面，如图 1-5 所示。

（2）二轴半联动 主要用于控制三轴以上的机床，其中两个轴互为联动，另一个轴做

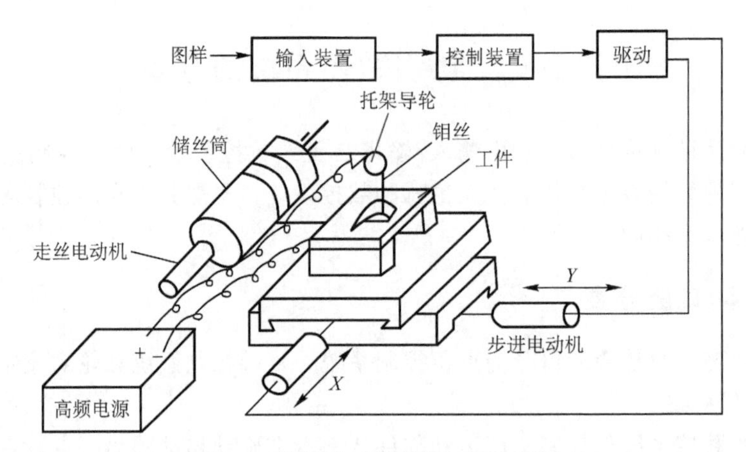

图 1-4 数控线切割机床加工示意图

周期进给，如在数控铣床上用球头铣刀采用行切法加工三维空间曲面（见图 1-6）。

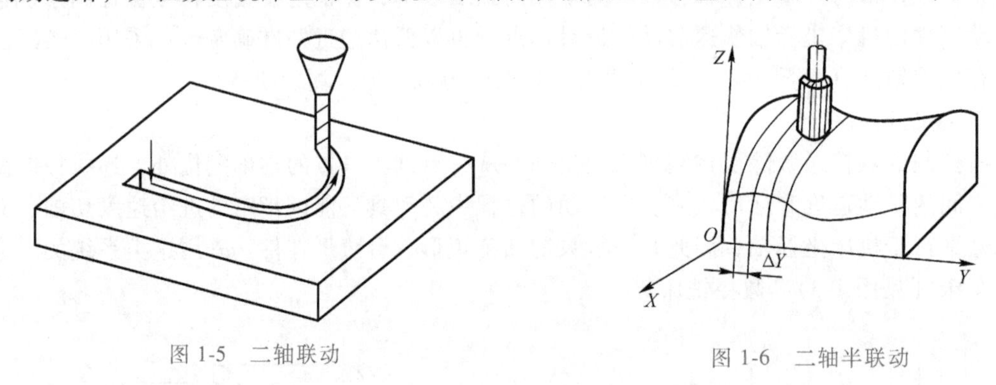

图 1-5 二轴联动

图 1-6 二轴半联动

（3）三轴联动　一般分为两类：一类是 *X*、*Y*、*Z* 三个直线坐标轴联动，比较多地用于数控铣床、加工中心等，如用球头铣刀铣削三维空间曲面（见图 1-7）；另一类是除了同时控制 *X*、*Y*、*Z* 中两个直线坐标轴联动外，还同时控制围绕其中某一直线坐标轴的旋转运动。例如车削加工中心，除了控制纵向（*Z* 轴）、横向（*X* 轴）两个直线坐标轴联动外，还需同时控制围绕 *Z* 轴旋转的主轴（*C* 轴）联动。

（4）四轴联动　即同时控制 *X*、*Y*、*Z* 三个直线坐标轴与某一旋转坐标轴联动，图 1-8 所示为同时控制 *X*、*Y*、*Z* 三个直线坐标轴与一个工作台回转轴联动的数控机床。

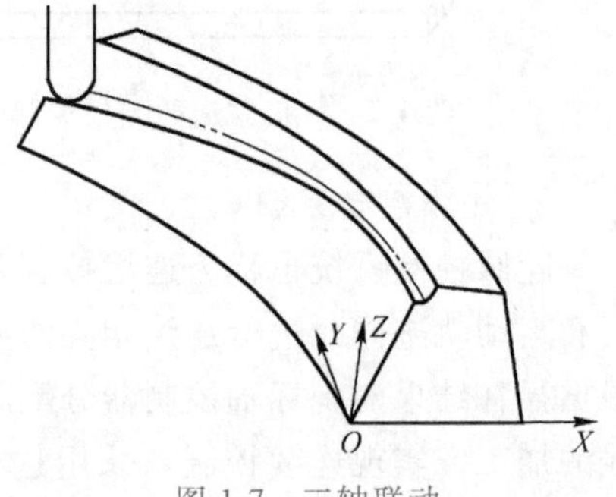

图 1-7 三轴联动

（5）五轴联动　除了同时控制 *X*、*Y*、*Z* 三个直线坐标轴联动外，还同时控制围绕这些直线坐标轴旋转的 *A*、*B*、*C* 坐标轴中的两个坐标轴，即同时控制五个轴联动。这时，刀具可以被定在空间的任意方向，如图 1-9 所示。例如，控制切削刀具同时绕着 *X* 轴和 *Y* 轴两个方向摆动，使得刀具在其切削点上始终保持与被加工的轮廓曲面成法线方向，以保证被加工曲面的圆滑性，提高其加工精度和减小表面粗糙度值等。

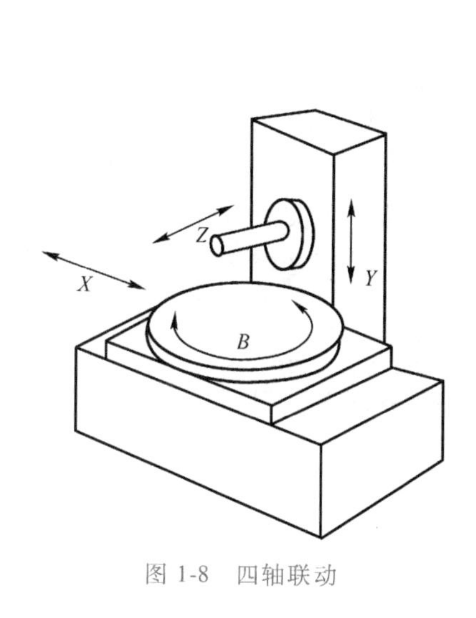

图 1-8 四轴联动

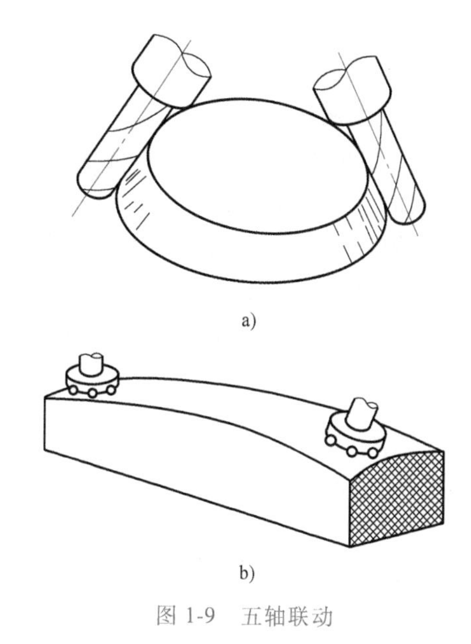

图 1-9 五轴联动

二、按伺服系统分类

按照伺服系统的控制方式，数控系统可分为开环、半闭环和闭环控制系统。

1. 开环控制系统

开环控制数控系统没有任何检测反馈装置，CNC 装置发出的指令信号经驱动电路进行功率放大后，通过步进电动机带动机床工作台移动，信号的传输是单方向的，如图 1-10 所示。其机床工作台的位移量、速度和运动方向取决于进给脉冲的个数、频率和通电方式。因此，开环控制数控系统结构简单，价格低廉，便于维护，控制方便，应用广泛。

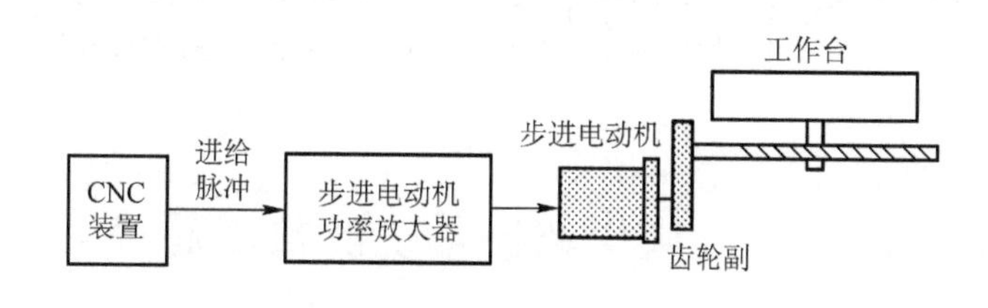

图 1-10 开环控制数控系统的示意图

2. 半闭环控制系统

半闭环控制数控系统采用角位移检测装置，该装置直接安装在伺服电动机轴或滚珠丝杠端部，用来检测伺服电动机或丝杠的转角，推算出工作台的实际位移量，并将其反馈到 CNC 装置的比较器中，与程序指令值进行比较，CNC 装置用差值进行控制，直到差值为零，如图 1-11 所示。这类系统没有将工作台和丝杠螺母副的误差考虑在内，因此这些装置造成的误差无法

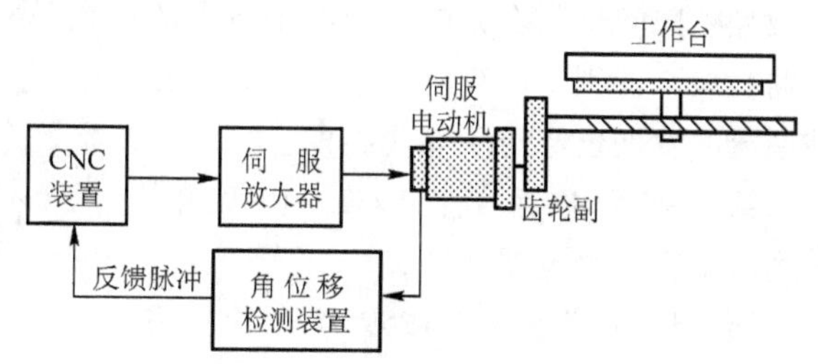

图 1-11 半闭环控制的数控系统的示意图

消除，会影响移动部件的位移精度，但其控制精度比开环控制系统高，成本较低，稳定性好，测试维修也较容易，应用较广泛。

3. 闭环控制系统

闭环控制的数控系统采用直线位移检测装置，该装置安装在机床运动部件或工作台上，将检测到的实际位移反馈到 CNC 装置的比较器中，与程序指令值进行比较，CNC 装置用差值进行控制，直到差值为零，如图 1-12 所示。这类系统可以将工作台和机床的机械传动链造成的误差消除，因此控制精度比开环、半闭环控制系统高，但其成本较高，结构复杂，调试、维修较困难，主要用于精度要求高的数控坐标镗床、数控精密磨床等。

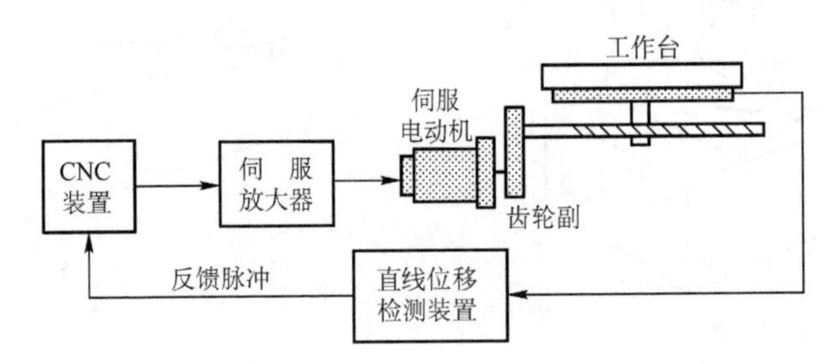

图 1-12 闭环控制的数控系统的示意图

三、按制造方式分类

1. 通用型数控系统

通用型数控系统通常以计算机作为 CNC 装置的支撑平台，各数控机床制造厂家根据用户需求，有针对性地研制开发数控软件和控制卡等，构建相应的 CNC 装置。其通用性强，使用灵活，便于升级，且抗干扰能力强，如华中Ⅰ、Ⅱ型数控系统。

2. 专用型数控系统

专用型数控系统技术成熟，它是由各制造厂家专门研制、开发制造的，专用性强，结构合理，硬件通用性差，但其控制功能齐全，稳定性好，如德国 SIEMENS 系统、日本 FANUC 系统等。

任务四 认识数控系统的发展趋势

1952 年，美国帕森斯公司（Parsons Co.）和麻省理工学院（MIT）共同合作，研制出世界上第一台三坐标直线插补连续控制的立式数控铣床，如图 1-13 所示。从第一台数控铣床问世至今，随着微电子技术的不断发展，特别是计算机技术的发展，数控系统的发展已经历了五代，即：

图 1-13 世界上第一台三坐标直线插补连续控制的立式数控铣床

第一代数控系统：1952—1959 年，采用电子管、继电器元件；

第二代数控系统：1959 年开始，采用晶体管器件；

第三代数控系统：1965 年开始，采用集成电路；

第四代数控系统：1970 年开始，采用大规模集成电路及小型计算机；

第五代数控系统：1974 年开始，采用微型计算机。

智能制造已成为制造技术发展的主攻方向。中国和美国分别发布“中国制造 2025”和美国“工业互联网”等，从国家战略的角度明确了智能制造的核心地位，并且相互间的技术交流与标准融合不断加深。特别是我国从制造大国向制造强国的转型更加迫切，着力发展智能装备和智能产品，推进生产过程智能化，成为实现“中国制造 2025”目标的关键，其中十大重点领域就包括高档数控机床和机器人，面向智能制造的数控技术成为需要优先解决的重要课题。

在“工业 4.0”“工业互联网”、区块链等新技术的背景下，数控行业未来发展与竞争出现了新的变化，更多的竞争将会聚焦在如何利用互联网的优势上，让数控系统的计算能力获得无限扩展，合理打造与之相适应的功能将成为未来发展的重要趋势。

一、数控系统的最新发展趋势

目前，数控机床及系统的发展日新月异。高档数控机床作为智能制造领域的重要装备，除了实现智能化、网络化、柔性化外，还应将高速化、高精度化、复合化、开放化、并联驱动化、绿色化等规划为未来重点发展的技术方向。图 1-14 所示为海德汉 DMG iTNC 530 系统。

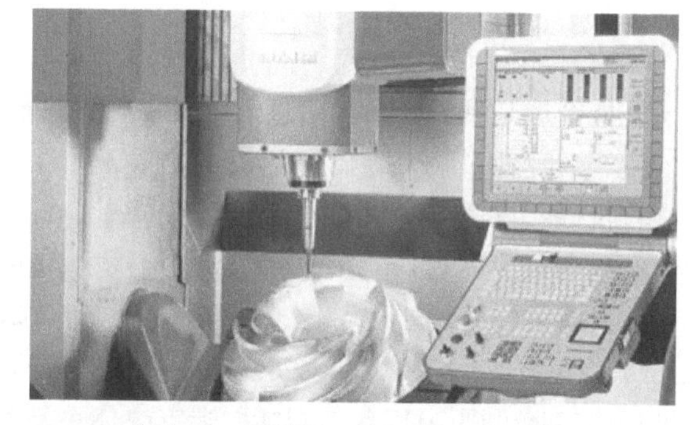

图 1-14　海德汉 DMG iTNC 530 系统

1. 高速化

汽车、国防、航空、航天等工业的高速发展以及铝合金等新材料的应用，对数控机床加工的高速化要求越来越高。

2. 新型功能部件应用

为了提高数控机床各方面的性能，具有高精度和高可靠性的新型功能部件的应用成为必然。以具有代表性的新型功能部件——直线电动机为例，西门子公司生产的 1FN1 系列三相交流永磁式同步直线电动机已开始广泛应用于高速铣床、加工中心、磨床、并联机床以及动态性能和运动精度要求高的机床等；德国 EX-CELL-O 公司的 XHC 卧式加工中心三向驱动均采用两台直线电动机。

3. 高可靠性

五轴联动数控机床能够加工复杂的曲面，并能够保证平均无故障时间在 20000h 以上，这体现了对产品和原材料的高效使用；其内部具有多种的报警措施便于操作者及时处理问题，还拥有超级安全的防护措施，这是对产品的一种保障，更是对操作工人和社会的一种保障。高可靠性不仅使机床在生产时更令人放心，而且可以节约企业原材料和人工，这是对社会资源的一种节约。在外国，设备的平均无故障时间在 30000h 以上，这一差距要求我国数控机床企业不仅要多借鉴国外技术，还要研究制造更高可靠性的高档数控机床。

4. 高精度

高档数控机床之所以能够反映一个国家工业制造业的水准，正是因为其高精度的特点。

随着 CAM（计算机辅助制造）系统的发展，高档数控机床的加工精度由毫米级精度进化为微米级精度，其特有的往复运动单元能够极其细致地加工凹槽；采用光、电化学等能源的特种加工，可使加工精度达到纳米级，再进行结构的改进和优化，还能使五轴联动数控机床的加工精度进入亚微米级甚至是纳米级的超精时代。

5. 复合化

随着市场需求的不断变化，制造业的竞争日趋激烈，这就要求机床不只能进行单件大批量生产，更要能够完成小批量多品种的生产，机械化生产更个性。开发出复合程度更高的复合机床，使其能够生产多种大、小批量的类似生产机型，这是对高档数控机床的一种新的要求，在未来的发展中，这种机床也定会占据主导地位，这也将是新型数控机床所要完成的新任务。

6. 加工过程绿色化

随着日趋严格的环境与资源约束，制造加工的绿色化越来越重要，特别是在我国，资源、环境问题尤为突出。因此，近年来不用或少用切削液，实现干切削、半干切削的节能环保机床不断出现，并处于不断发展当中。在 21 世纪，绿色制造的大趋势将使各种节能环保机床加速发展，占领更多的世界市场。

二、智能制造概述

智能制造
生产线单元

智能制造是基于新一代信息通信技术与先进制造技术深度融合，贯穿于设计、生产、管理、服务等制造活动的各个环节，具有自感知、自学习、自决策、自执行、自适应等功能的新型生产方式。在工业和信息化部、财政部制定的《智能制造发展规划》（2016—2020 年）中，明确提出了 2025 年前，推进智能制造发展实施“两步走”战略：第一步，到 2020 年，智能制造发展基础和支撑能力明显增强，传统制造业重点领域基本实现数字化制造，有条件、有基础的重点产业智能转型取得明显进展；第二步，到 2025 年，智能制造支撑体系基本建立，重点产业初步实现智能转型。

智能制造作为广义的概念包含五个方面：产品智能化、装备智能化、生产智能化、管理智能化和服务智能化。

1. 产品智能化

产品智能化是把传感器、处理器、存储器、通信模块、传输系统融入各种产品，使得产品具备动态存储、感知和通信能力，实现产品可追溯、可识别、可定位。计算机、智能手机、智能电视、智能机器人、智能穿戴都是物联网的“原住民”，这些产品从生产出来就是网络终端。而传统的空调、电冰箱、汽车、机床等都是物联网的“移民”，未来这些产品都需要连接到网络世界。预计 2025 年，我国物联网连接数近 200 亿个，万物唤醒、海量连接将推动各行各业走上智能道路。

2. 装备智能化

通过先进制造、信息处理、人工智能等技术的集成和融合，可以构建具有感知、分析、推理、决策、执行、自主学习及维护等自组织、自适应功能的智能生产系统，以及网络化、协同化的生产设施，这些都属于智能装备。在工业 4.0 时代，装备智能化的进程可以在两个维度上进行：单机智能化，以及单机设备互联而形成的智能生产线、智能车间、智能工厂。需要强调的是，单纯的研发和生产端的改造不是智能制造的全部，基于渠道和消费者洞察的前端改造也是重要的一环。二者相互结合、相辅相成，才能完成端到端的全链条智能制造改造。

3. 生产智能化

个性化定制、极少量生产、服务型制造以及云制造等新业态、新模式，其本质是在重组客户、供应商、销售商以及企业内部组织的关系，重构生产体系中信息流、产品流、资金流的运行模式，重建新的产业价值链、生态系统和竞争格局。工业时代，产品价值由企业定义，企业生产什么产品，用户就买什么产品，企业定价多少钱，用户就花多少钱——主动权完全掌握在企业手中。而智能制造能够实现个性化定制，不仅打掉了中间环节，还加快了商业流动，产品价值不再由企业定义，而是由用户来定义——只有用户认可的、用户参与的、用户愿意分享的、用户反映良好的产品，才具有市场价值。

4. 管理智能化

随着纵向集成、横向集成和端到端集成的不断深入，企业数据的及时性、完整性、准确性不断提高，必然使管理更加准确、高效、科学。

5. 服务智能化

智能服务是智能制造的核心内容，越来越多的制造企业已经意识到从生产型制造向生产服务型制造转型的重要性。今后，将会实现线上与线下并行的 O2O 服务，两股力量在服务智能方面相向而行，一股力量体现在传统制造业不断拓展服务，另一股力量体现在整个社会从消费互联网迈向产业互联网，如微信未来连接的不仅是人，还包括设备和设备、服务和服务、人和服务。个性化的研发设计、总集成、总承包等新服务产品的全生命周期管理，会伴随着生产方式的变革不断出现。

随着新一代信息技术和制造业的深度融合，我国智能制造发展取得了明显成效。以高档数控机床、工业机器人、智能仪器仪表为代表的关键技术装备获得极大发展；智能制造装备和先进工艺在重点行业不断普及，离散型行业制造装备的数字化、网络化、智能化步伐加快，流程型行业过程控制和制造执行系统全面普及，关键工艺流程数控化率大大提高；典型行业不断探索、逐步形成了一些可复制推广的智能制造新模式，为深入推进智能制造初步奠定了一定的基础。

三、数字化工厂

数字化工厂是智能制造的基础和前提，它允许在企业层面对产品从设计、研发、制造、测试到使用、收回（报废）等全生命周期进行统一管控，在生产管理层面对计划、数据、客户需求以及人力、设备、物料等资源进行过程管理，在具体的操作、控制和设备现场层面对整个物理底层的运行状态进行监控和分析。

数字化工厂可实现工厂的高度智能化、自动化、柔性化、定制化和集约化，使企业能够快速响应市场需求，实现价值最大化。图 1-15 所示为数字化工厂实例。

图 1-15 数字化工厂实例

1. 企业管理层

在企业管理层，主要的应用是企业资源计划管理（ERP，Enterprise Resource Planning）、产品生命周期管理（PLM，Product Lifecycle Management）系统。其中，ERP 是企业管理的核心应用。如今 ERP 的含义已在 MRPII 基础上被进一步扩大，用于企业的各类管理软件都被纳入 ERP 范畴，主要包括供应链管理、销售与市场、分销、客户服务、财务管理、制造管理、库存管理、人力资源、报表以及金融投资、质量管理、法规与标准等功能。

PLM 主要关注产品的全生命周期管理，是产品工程的核心应用。在产品全生命周期管理中，很重要的一个就是数字孪生（Digital Twins）模型，它是对物理对象进行数字化建模，并呈现在虚拟空间中的一种技术手段，或者是一种产品制造模式。与产品相关的原材料、设计、工艺、生产计划、制造执行、生产线规划、测试、维护等均被建立模型，实现全流程数字化、可视化（三维）和闭环管理，并不断发现和规避问题，优化整个产品系统。

2. 生产管理层

在生产管理层，最主要的应用是制造执行系统（MES，Manufacturing Execution System）。MES 主要负责制造执行管理，是具体制造职能部门最核心的应用，也是连接企业管理层与生产现场的“数据交换机”。MES 能通过信息传递对从订单下达到产品完成的整个生产过程进行优化管理（MES 国际联合会对 MES 的定义）。MES 能够对工厂的实时事件及时做出反应并生成报告，用当前的准确数据进行指导和处理。此外，MES 会生成并分发生产计划，对现场的控制设备、生产设备、检测设备和产量等各类数据进行统计分析，并与生产计划协调。

3. 操作控制层

操作控制层主要由监视控制层、基本控制层及现场层组成，这三层构成自动化集成系统。自动化集成系统处在智能工厂的最底层，通过工业网络自下而上跨越设备现场、中间控制和操作三个层面。设备现场是用于生产的各类硬件设备，包括机床、机械臂（机器人）、运送车辆、检测设备、环境控制设备等，这也是智能制造中“最能看得见”的一层；中间控制一般通过 PLC、工业控制软件等对设备进行管控；操作层面则是操作人员对整个物理层的运行状态进行监控分析。现在的工厂中，设备与控制层往往被集成在一起，并没有明显的物理分割。

物理上分布于不同层次、不同类型的系统和设备通过网络连接在一起，并且信息/数据在不同层次、不同设备间传输；设备和系统能够一致地解析所传输信息/数据的数据类型，甚至了解其含义。数字化工厂要求通过不同层次的网络集成和互操作，打破原有的业务流程与过程控制流程相脱节的局面，分布于各生产制造环节的系统不再是“信息孤岛”。数据/信息交换要求从底层现场层向上贯穿至执行层甚至计划层网络，使得工厂能够实时监视现场的生产状况与设备信息，并根据获取的信息来优化生产调度与资源配置。此外，还要考虑协同制造单位（如上游零部件供应商、下游客户）的信息改变，这就需要通过互联网实现企业与企业的数据流动。按照图 1-16 所示的数字化工厂典型网络拓扑结构，工厂中典型的数据流如图 1-17 所示。

1）现场设备与控制设备之间的数据流包括：交换输入、输出数据，如控制设备向现场设备传送的设定值（输出数据）；现场设备向控制设备传送的测量值（输入数据）；控制设备读写访问现场设备的参数；现场设备向控制设备发送诊断信息和报警信息。

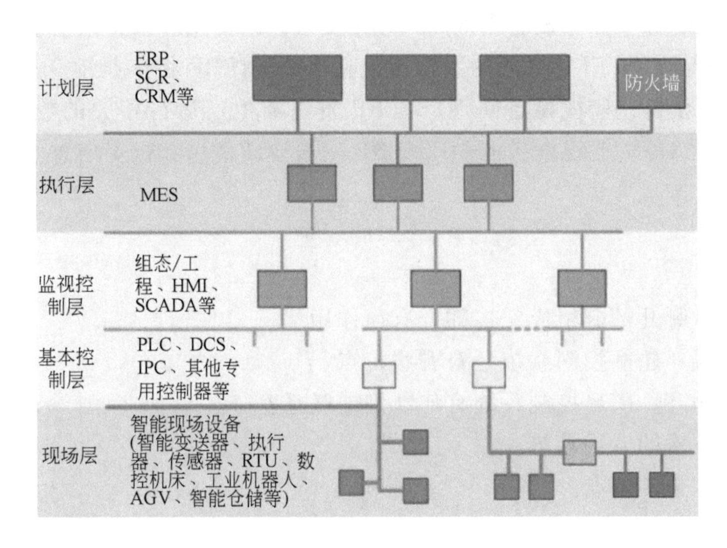

图 1-16　数字化工厂典型网络拓扑结构

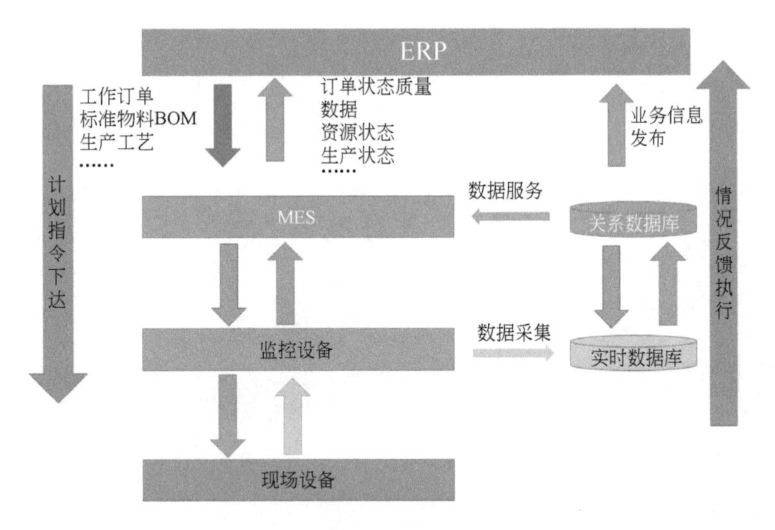

图 1-17　数字化工厂典型数据流

2）现场设备与监视设备之间的数据流包括：监视设备采集现场设备的输入数据；监视设备读写访问现场设备的参数；现场设备向监视设备发送诊断信息和报警信息。

3）现场设备与 MES/ERP 系统之间的数据流包括：现场设备向 MES/ERP 发送与生产运行相关的数据，如质量数据、库存数据、设备状态等；MES/ERP 向现场设备发送作业指令、参数配置等。

4）控制设备与监视设备之间的数据流包括：监视设备向控制设备采集可视化所需要的数据；监视设备向控制设备发送控制和操作指令、参数设置等信息；控制设备向监视设备发送诊断信息和报警信息。

5）控制设备与 MES/ERP 之间的数据流包括：MES/ERP 将作业指令、参数配置、处方数据等发送给控制设备；控制设备向 MES/ERP 发送与生产运行相关的数据，如质量数据、库存数据、设备状态等；控制设备向 MES/ERP 发送诊断信息和报警信息。

6）监视设备与 MES/ERP 之间的数据流包括：MES/ERP 将作业指令、参数配置、处方数据等发送给监视设备；监视设备向 MES/ERP 发送与生产运行相关的数据，如质量数据、库存数据、设备状态等；监视设备向 MES/ERP 发送诊断信息和报警信息。

习　　题

1. 数控系统由哪几部分组成？各部分有何作用？
2. 点位、直线、轮廓控制系统各有哪些特点？
3. 开环、半闭环、闭环控制系统有何区别与联系？
4. 简述数控技术的发展趋势。
5. 简述智能制造的特点。

项目二

数控系统的硬件连接

项目描述

通过数控系统的硬件连接学习，掌握数控系统的工作过程及插补原理，对 FANUC 0i-D 系统的硬件连接有认知，能够独立完成相关参数的装载及备份。

学习目标：

- CNC 系统的组成与工作过程；
- CNC 系统的基本功能和选择功能；
- CNC 系统的插补原理；
- FANUC 0i-D 数控系统的硬件组成及各模块间的连接。

项目重点：

- CNC 系统工作的七个主要环节；
- 典型 CNC 系统的插补方法；
- FANUC 0i-D 系统的装载与备份；
- FANUC 系统与 CNC 系统的通信。

项目难点：

- 刀具半径补偿的补偿原理。

任务一　CNC 系统工作过程的认知

数控系统是数控机床的控制指挥中心，它由程序、输入/输出设备、计算机数控装置（CNC 装置）、可编程序控制器（PLC）、主轴驱动装置和进给伺服驱动装置等组成。CNC 装置是数控系统的核心。机床的各个执行部件在数控系统的统一指挥下，有条不紊地按给定程序进行零件切削加工。CNC 装置的核心是计算机，由计算机通过执行其存储器内的程序，实现部分或全部控制功能。计算机数控系统的组成如图 2-1 所示。

CNC 系统由硬件和软件两大部分组成，如图 2-2 所示，硬件是软件“活动”的“舞台”，软件是整个装置的“灵魂”，整个 CNC 系统的“活动”均依靠软件来“指挥”。软件和硬件各有不同的特点，软件设计灵活，适应性强，但处理速度慢；硬件处理速度快，但成本高。因此，在 CNC 系统中，可依据其控制特性来合理确定软、硬件的比例，从而使数控系统的性能和可靠性大大提高。

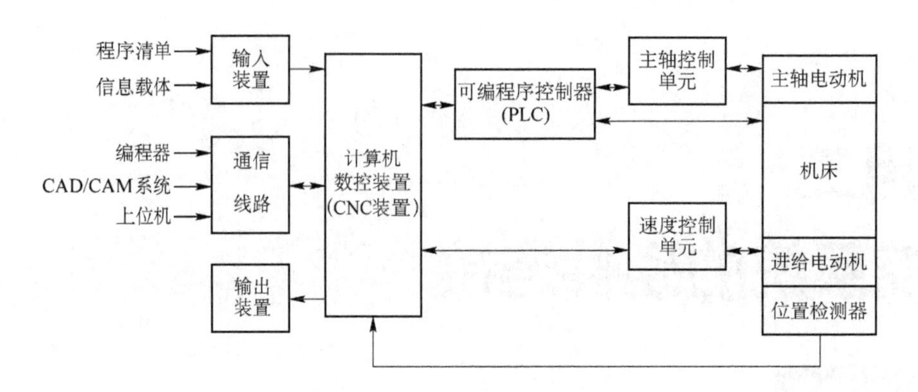

图 2-1 计算机数控系统的组成

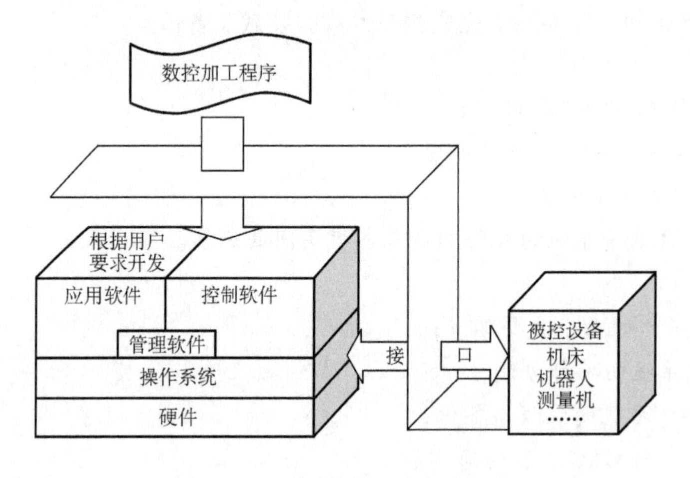

图 2-2 CNC 系统的两大组成部分

一、CNC 系统的工作过程

CNC 系统的工作过程即在硬件的支持下执行软件的过程。下面从输入、译码处理、数据处理、插补运算与位置控制、I/O 处理、显示和诊断 7 个环节来说明 CNC 系统的工作过程。

1. 输入

输入 CNC 系统的有零件程序、控制参数、补偿数据等。常用的输入方式有键盘手动输入 MDI、磁盘输入、U 盘输入、通信接口 RS-232 输入、连接上一级计算机的 DNC 接口输入以及通过网络通信方式输入。CNC 系统在输入过程中还需完成程序校验和代码转换等工作，输入的全部信息存放在 CNC 系统的内部存储器中。

2. 译码处理

译码处理程序对零件程序以程序段为单位进行处理，每个程序段含有零件的轮廓信息（起点、终点、直线、圆弧等）、加工速度信息（F 代码）以及辅助指令（M、S、T 代码）信息（如主轴起停、工件夹紧和松开、换刀、切削液开关等）。计算机通过译码程序识别这些代码符号，并按照一定的规则将其翻译成计算机能够识别的（二进制）数据形式，存放在指定的存储器内。

3. 数据处理

数据处理程序一般包括刀具半径补偿、速度计算以及辅助功能处理。

刀具半径补偿是以零件轮廓轨迹转化为刀具中心轨迹，CNC 系统通过对刀具半径的自动补偿来控制刀具中心轨迹，实现零件轮廓的加工，从而大大减少了编程人员的工作量。

速度计算是对编程所给的刀具移动速度进行计算处理。编程所给的刀具移动速度是在各坐标轴方向上的合成速度，因此必须将合成速度转化为沿机床各坐标轴运动的分速度，从而控制机床切削加工。

辅助功能处理的主要工作是识别标志，在程序执行时发出信号，使机床运动部件执行相应动作，如主轴起停、工件夹紧与松开、换刀、切削液开关等。

4. 插补运算与位置控制

插补运算和位置控制是 CNC 系统的实时控制，一般在相应的中断服务程序中进行。插补程序在每个插补周期运行一次，它根据指令的进给速度计算出一个微小的直线数据段。通常经过若干个插补周期加工完一个程序段，即从数据段的起点到终点，完成零件轮廓某一段曲线的加工。CNC 系统一边插补、一边加工，具有很强的实时性。

位置控制的主要任务是在每个采样周期内，将插补计算的理论位置与实际反馈位置相比较，根据其差值控制进给电动机，进而控制机床工作台（或刀具）的位移，加工出所需要的零件。

当一个程序段开始插补加工时，管理程序即着手准备下一个程序段的读入、译码、数据处理。即由它调动各个功能子程序，并保证下一个程序段的数据准备，一旦本程序段加工完毕，即开始下一个程序段的插补加工。整个零件加工就是在这种周而复始的过程中完成的。

5. 输入/输出（I/O）处理

输入/输出处理主要是处理 CNC 系统和机床之间来往信号的输入、输出和控制。CNC 系统和机床之间必须通过光电隔离电路进行隔离，以确保 CNC 系统稳定运行。

6. 显示

CNC 系统显示主要是为操作者提供方便，通常应具有零件程序显示、参数显示、机床状态显示、刀具加工轨迹动态模拟图形显示、报警显示等功能。

7. 诊断

CNC 系统利用内部自诊断程序可以进行故障诊断，主要有启动诊断和在线诊断。

启动诊断是指 CNC 系统每次从通电开始至进入正常的运行准备状态中，系统相应的内诊断程序通过扫描自动检查系统硬件、软件及有关外设等是否正常。只有当检查到的各个项目都正确无误之后，整个系统才能进入正常运行的准备状态。否则，CNC 系统将通过网络、TFT、CRT 或用硬件（如发光二极管）报警方式显示故障。此时，启动诊断过程不能结束，系统不能投入运行。只有排除故障之后，CNC 系统才能正常运行。

在线诊断是指在系统处于正常运行状态中，由系统相应的内装诊断程序通过定时中断扫描检查 CNC 系统本身及外设。只要系统不停电，在线诊断就持续进行。

现代 CNC 系统大都采用微处理器，按其硬件结构中 CPU 的多少可分为单微处理器（单 CPU）结构和多微处理器（多 CPU）结构；按 CNC 系统中各印制电路板的插接方式可以分为大板式结构和功能模块式结构；还有基于 PC 的开放式数控系统结构。

二、单微处理器结构和多微处理器结构

（一）单微处理器结构

1. 单微处理器结构的特点

当控制功能不太复杂、实时性要求不太高时，多采用单微处理器结构。其特点是通过一个 CPU 控制系统总线访问主存储器。以下三种 CNC 系统都属于单 CPU 结构。

1）只有一个 CPU，采用集中控制、分时处理的方式完成各项控制任务。

2）虽然有两个或两个以上的 CPU，但各微处理器组成主从结构，其中只有一个 CPU 能够控制系统总线，占有总线资源。其他 CPU 不能控制和使用系统总线，只能接受主 CPU 的控制，只能作为一个智能部件工作，处于从属地位。

3）数据存储、插补运算、输入/输出控制、显示和诊断等所有数控功能均由一个 CPU 来完成，CPU 不堪重负。因此，常采用增加协 CPU 的办法，由硬件分担精插补，增加带有 CPU 的 PLC 和 CRT 控制等智能部件减轻主 CPU 的负担，提高处理速度。

单 CPU 结构或主从 CPU 结构的 CNC 系统硬件结构如图 2-3 所示。

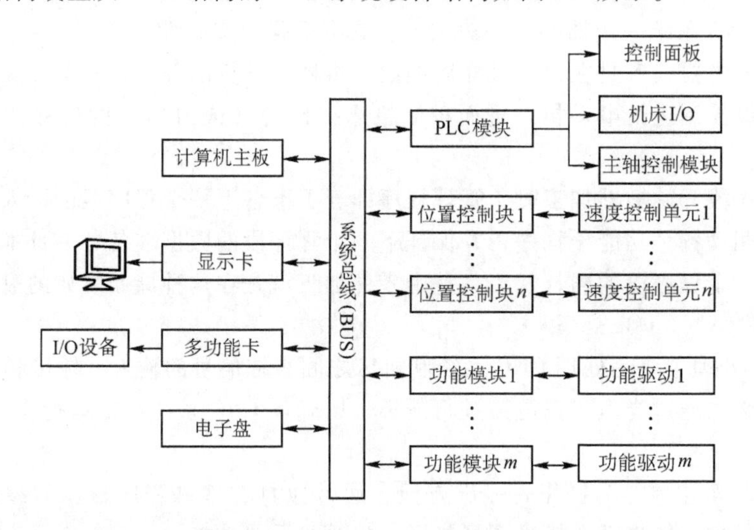

图 2-3 单 CPU 结构或主从 CPU 结构的 CNC 系统硬件结构

2. 单 CPU 结构 CNC 系统的形式

单 CPU 结构的 CNC 系统一般采用以下两种形式。

（1）专用型 专用型 CNC 系统，其硬件由生产厂家专门设计和制造，因此不具有通用性。

（2）通用型 通用型 CNC 系统指的是采用工业标准计算机（如工业 PC）构成的 CNC 系统。只要装入不同的控制软件，便可构成不同类型的 CNC 系统，无须专门设计硬件，因而通用性强，硬件故障维修方便。图 2-4 所示为以工业 PC 为技术平台的数控系统结构框图。

3. 单 CPU 结构 CNC 系统的组成

单 CPU 结构 CNC 系统的组成如图 2-5 所示。CPU 通过总线与存储器（RAM、EPROM）、位置控制器、可编程序逻辑控制器（PLC）及 I/O 接口、MDI/CRT 接口、通信接口等相连。

（1）CPU 和总线 CPU 是 CNC 系统的核心，由运算器及控制器两大部分组成。运算器

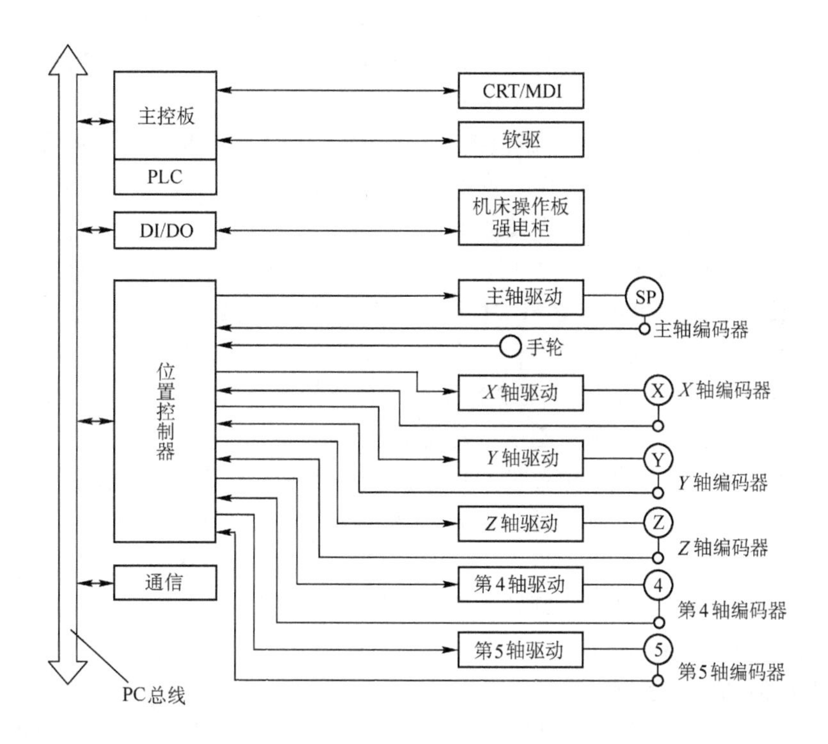

图 2-4 以工业 PC 为技术平台的数控系统结构框图

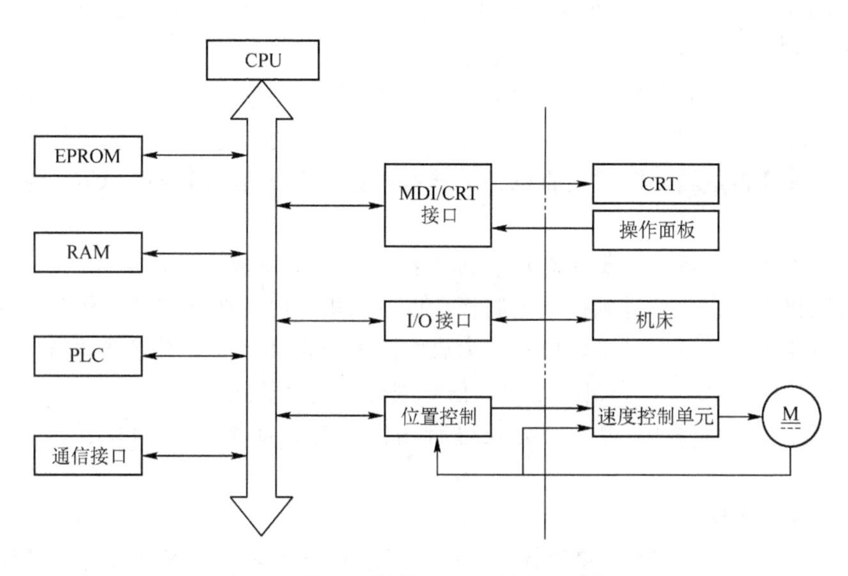

图 2-5 单 CPU 结构 CNC 系统的组成框图

对数据进行算术运算和逻辑运算；控制器则是将存储器中的程序指令进行译码，并向 CNC 系统各部分顺序发出执行操作的控制信号，并且接收执行部件的反馈信息，从而决定下一步的命令操作。也就是说，CPU 主要担负与数控有关的数据处理和实时控制任务。数据处理包括译码、刀具半径补偿、速度处理；实时控制包括插补运算和位置控制以及对各种辅助功能的控制。

总线是 CPU 与各组成部件、接口等之间的信息公共传输线。总线由地址总线、数据总线和控制总线三种总线组成。随着传输信息的高速度和多任务性，总线结构和标准也在不断发展。

（2）存储器　CNC 系统的存储器包括只读存储器（ROM）和随机存取存储器（RAM）两类。只读存储器一般采用 EPROM，这种存储器的内容只能由 CNC 系统的生产厂家固化（写入），而且写入 EPROM 的信息即使断电也不会丢失，只能被 CPU 读取。EPROM 中不能写入新的内容。常用的 EPROM 有 2716、2732、2764、27128、27256 等型号。RAM 中的信息可以被 CPU 读取，用户也可以在 RAM 中写入新的内容，但断电后，信息也随之消失，只有具有备用电池的 RAM 才可保存信息。

（3）位置控制器　它主要用来控制数控机床各进给坐标轴的位移量，需要时将插补运算所得的各坐标位移指令与实际检测的位置反馈信号进行比较，并结合补偿参数，适时地向各坐标轴伺服驱动控制单元发出位置进给指令，使伺服控制单元驱动伺服电动机运转。位置控制器是一种同时具有位置控制和速度控制功能的反馈控制系统。CPU 发出的位置指令值与位置检测值的差值就是位置误差，它反映实际位置总是滞后于指令位置。位置误差经处理后作为速度控制量控制进给电动机旋转，使实际位置总是跟随指令位置变化而变化。

（4）可编程序控制器（PLC）　数控机床用 PLC 可分为内装型与独立型两种，用于数控机床的辅助功能和顺序控制。

（5）MDI/CRT 接口　MDI 接口即手动数据输入接口，数据通过操作面板上的键盘输入。CRT 接口是在 CNC 软件配合下，在显示器上实现字符和图形显示。显示器多为电子阴极射线管（CRT）。近年来开始出现夹板式液晶显示器（LCD），使用这种显示器可大大缩小 CNC 装置的体积。此外，还有 TFT 显示器。

（6）I/O 接口　CNC 装置与机床之间的信号通过 I/O 接口来传送。输入接口接收机床操作面板上各种开关及机床上的各种行程开关和温度、压力、电压等检测信号。因此，它分为开关量输入和模拟量输入两类接收电路，接收电路将输入信号转换成 CNC 装置能够接收的电信号。

输出接口可将各种机床工作状态信息传递到机床操作面板，进行声光指示或将 CNC 装置发出的控制机床动作信号送到强电控制柜，以控制机床电气执行部件动作。根据电气控制要求，接口电路还必须进行电平转换和功率放大。为防止噪声干扰引起误动作，常采用光电耦合器或继电器将 CNC 装置和机床之间的信号进行电气上的隔离。

（7）通信接口　该接口用来与外设进行信息传输，如上一级计算机、移动硬盘、U 盘等。

（二）多微处理器结构

多 CPU 结构的 CNC 装置是将数控机床的总任务划分为多个子任务，每个子任务均由一个独立的 CPU 来控制。

1. 多微处理器结构的特点

（1）性能价格比高　采用多 CPU 完成各自特定的功能，适应多轴控制、高精度、高进给速度、高效率的控制要求，同时因单个低规格 CPU 的价格较为便宜，因此多微处理器结构的性能价格比较高。

（2）模块化结构　采用模块化结构具有良好的适应性与扩展性，其结构紧凑，调试、维修方便。

（3）具有很强的通信功能，便于实现计算机集成制造等。

2. 多微处理器结构 CNC 系统的形式

多微处理器 CNC 装置一般采用两种结构形式，即紧耦合结构和松耦合结构。紧耦合结构中，由各微处理器构成处理部件，处理部件之间采取紧耦合方式，有集中的操作系统，共享资源。松耦合结构中，由各微处理器构成功能模块，功能模块之间采取松耦合方式，有多重操作系统，可以有效地实现并行处理。

3. 多微处理器结构 CNC 系统的组成及功能模块互连方式

（1）组成　多微处理器 CNC 装置主要由 CNC 管理模块、CNC 插补模块、位置控制模块、主存储器模块、PLC 模块、数据输入/输出及显示模块等组成。

1）CNC 管理模块，管理和组织整个 CNC 系统的工作，主要包括初始化、中断管理、总线裁决、系统出错识别和处理系统软件硬件诊断等功能。

2）CNC 插补模块，完成插补前的预处理，如对零件程序的译码、刀具半径补偿、坐标位移量计算及进给速度处理等；进行插补计算，为各个坐标提供位置给定值。

3）位置控制模块，对位置给定值与检测所得实际值进行比较，进行自动加减速、回基准点、伺服系统滞后量的监视和漂移补偿，最后得到速度控制值，用来驱动进给电动机。

4）主存储器模块，为程序和数据的主存储器，或为各功能模块间进行数据传送的共享存储器。

5）PLC 模块，对零件程序中的开关功能和机床传送来的信号进行逻辑处理，实现主轴起停和正反转、换刀、切削液的开关、工件的夹紧和松开等。

6）数据输入/输出及显示模块，包括零件程序、参数、数据及各种操作命令的输入/输出、显示所需的各种接口电路。

（2）功能模块的互联方式　多 CPU 的 CNC 装置的典型结构有共享总线和共享存储器两类。

1）共享总线结构，以系统总线为中心组成多微处理器 CNC 装置，如图 2-6 所示。

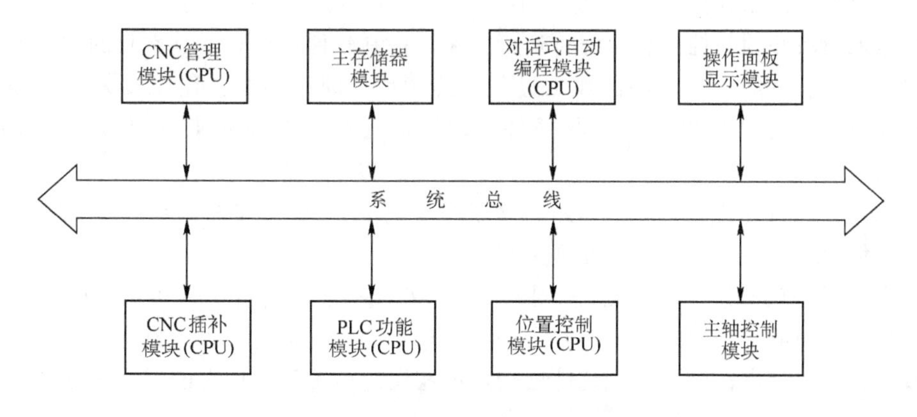

图 2-6　多微处理器共享总线结构

按照功能，将系统划分为若干功能模块。带有 CPU 的模块称为主模块，不带 CPU 的模块称为从模块，所有的主、从模块都插在配有总线插座的机柜内。系统总线的作用是把各个模块有效地连接在一起，按照要求交换各种数据和控制信息，实现各种预定的功能。

这种共享总线结构中只有主模块有权控制使用系统总线，由于有多个主模块，系统通过总线仲裁电路来解决多个主模块同时请求使用总线的矛盾。

共享总线结构的优点是系统配置灵活，结构简单，容易实现，造价低；不足之处是会引起竞争，使信息传输率降低，且总线一旦出现故障，会影响全局。

2）共享存储器结构，是以存储器为中心组成的多微处理器 CNC 装置，如图 2-7 所示。

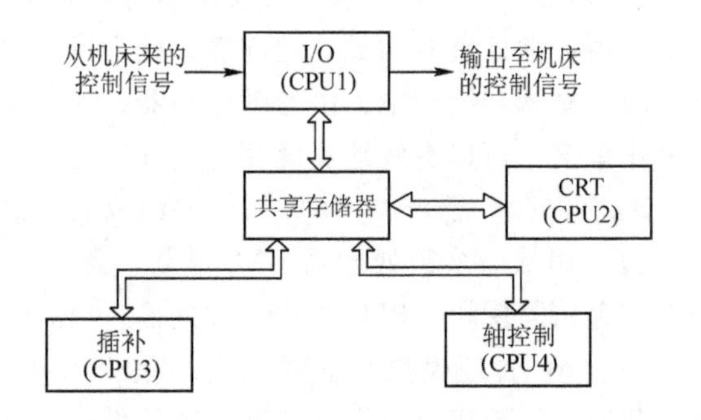

图 2-7　多微处理器共享存储器结构

共享存储器结构中，采用多端口存储器来实现各微处理器之间的互联和通信，每个端口都配有一套数据线、地址线、控制线，以供端口访问，由专门的多端口控制逻辑电路解决访问的冲突问题。当微处理器数量增多时，往往会由于争用共享而造成信息传输的阻塞，降低系统效率，因此这种结构功能扩展比较困难。

三、CNC 系统控制软件的结构特点

CNC 系统是一个专用的实时多任务计算机控制系统，在它的控制软件中融合了当今计算机软件的许多先进技术，其中最突出的是多任务并行处理和实时中断处理。

1. 多任务并行处理

（1）CNC 系统的多任务性　CNC 系统软件必须完成管理和控制两大任务。系统的管理部分包括输入、I/O 处理、显示和诊断。系统的控制部分包括译码、刀具补偿、速度处理、插补和位置控制。在许多情况下，管理和控制的某些工作必须同时进行。例如，当 CNC 系统工作在加工控制状态时，为了使操作人员能及时了解 CNC 系统的工作状态，管理软件中的显示模块必须与控制软件同时运行。当 CNC 系统工作在 NC 加工方式时，管理软件中的零件程序输入模块必须与控制软件同时运行。而当控制软件运行时，其本身的一些处理模块也必须同时运行。例如，为了保证加工过程的连续性，即刀具在各程序段之间不停刀，译码、刀具补偿和速度处理模块必须与插补模块同时运行，而插补又必须与位置控制同时进行。

CNC 系统的软件组成如图 2-8 所示，多任务并行处理关系如图 2-9 所示。在图 2-9 中，双向箭头表示两个模块之间有并行处理关系。

（2）并行处理的概念　并行处理是指计算机在同一时刻或同一时间间隔内完成两种或两种以上性质相同或不相同的工作。并行处理最显著的优点是提高了运算速度。对 n 位串行运算和 n 位并行运算进行比较，在元件处理速度相同的情况下，后者的运算速度几乎为前者的 n 倍。

（3）资源分时共享　在单 CPU 的 CNC 系统中，主要采用 CPU 分时共享的原则来解决多任务的同时运行，多个用户按时间顺序使用同一套设备。需要解决的问题：其一是各任务何时占用 CPU；其二是允许各任务占用 CPU 的时间长短。

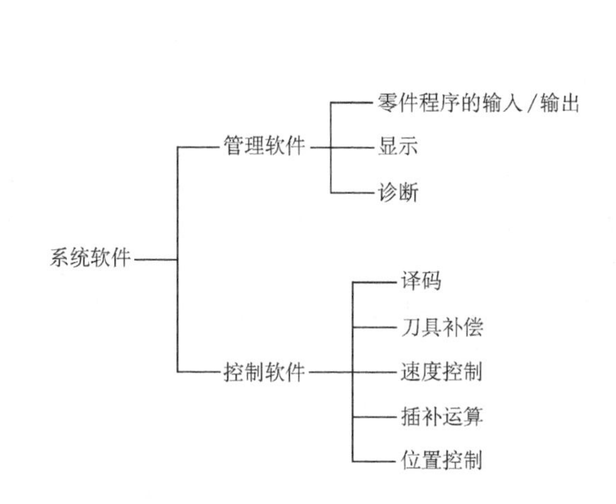

图 2-8 CNC 系统的软件组成

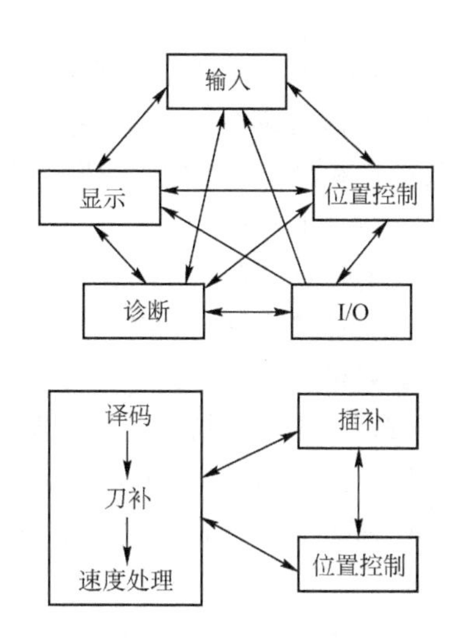

图 2-9 多任务并行处理关系

在 CNC 系统中，对各任务使用 CPU 采用循环轮流和中断优先相结合的方法来解决。图 2-10 所示为一个典型 CNC 系统多任务分时共享原理。

（4）资源重叠流水处理 当 CNC 系统处在数控工作方式时，其数据的转换过程将由零件程序输入、插补准备（包括译码、刀具补偿和速度处理）、插补、位置控制 4 个子过程组成。如果每个子过程的处理时间分别为 Δt_1、Δt_2、Δt_3、Δt_4，那么一个程序段的数据转换时间为

$$T=\Delta t_1+\Delta t_2+\Delta t_3+\Delta t_4$$

如果以顺序方式处理每个零件程序段，那么在两个程序段的输出之间将有一个时间长度为 T 的间隔。这种时间间隔反映在电动机上就是电动机的时转时停，反映在刀具上就是刀具的时走时停。不管这种时间间隔多么小，这种时走时停在加工工艺上都是不允许的。消除这种间隔的办法是采取流水处理技术。

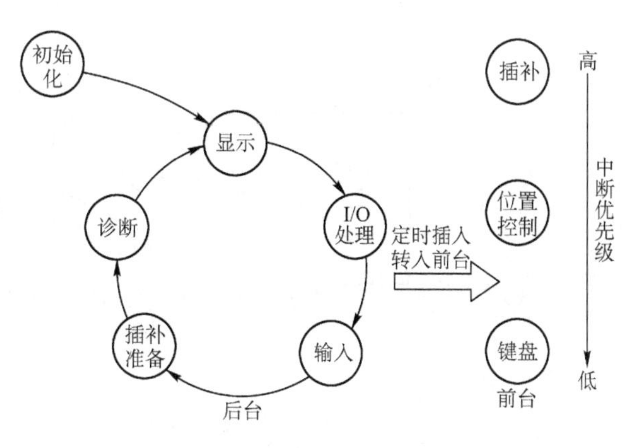

图 2-10 CPU 系统多任务分时共享原理

流水处理的关键是时间重叠，即在一段时间间隔内同时处理两个或更多的子过程。经过流水处理后从时间 t_4 开始，每个程序段的输出之间不再有间隔，从而保证了电动机转动和刀具移动的连续性。

2. 实时中断处理

CNC 系统控制软件的另一个重要特征是实时中断处理。数控机床在加工零件的过程中，有些控制任务具有较强的实时性要求。CNC 系统的中断管理主要靠硬件完成，而系统的中断结构决定了系统软件的结构。中断类型有外部中断、内部定时中断、硬件故障中断以及程

序性中断等。

(1) 外部中断　主要有纸带光电阅读机读孔中断、外部监控中断（如急停、量仪到位等）和键盘操作面板输入中断。前两种中断的实时性要很高，通常把它们放在较高的优先级上，而键盘和操作面板输入中断则放在较低的中断优先级上。

(2) 内部定时中断　主要有插补周期定时中断和位置采样定时中断。在有些系统中，这两种定时中断合二为一，但在处理时，总是先处理位置控制，然后处理插补运算。

(3) 硬件故障中断　指各种硬件故障检测装置发出的中断，如存储器出错、定时器出错、插补运算超时等。

(4) 程序性中断　指程序中出现的各种异常情况的报警中断，如各种溢出、除零等。

3. CNC 系统中断结构模式

在 CNC 系统中，中断处理是重点，工作量较大。就其采用的结构而言，主要有前、后台型软件结构的中断模式与中断型软件结构的中断模式。

(1) 前、后台型软件结构的中断模式　在此种软件结构中，整个控制软件分为前台程序和后台程序。前台程序是一个实时中断服务程序，它完成全部的实时功能，如插补、位置控制等；后台程序即背景程序，其实质是一个循环运行程序，它完成管理及插补准备等功能。在后台程序的运行过程中，前台实时中断程序不断插入，与后台程序相配合，共同完成零件的加工任务。二者之间的关系如图 2-11 所示。

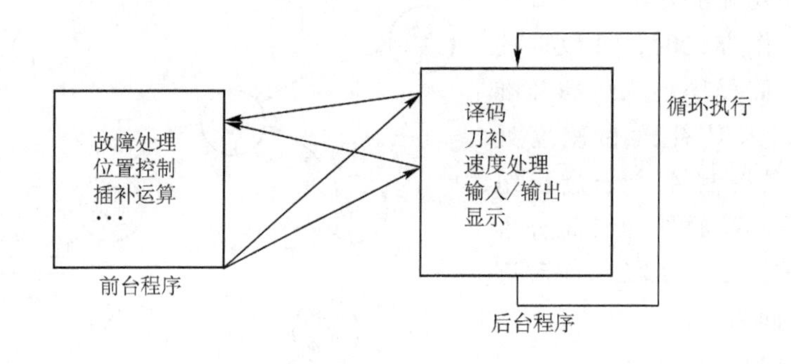

图 2-11　前台程序与后台程序间的关系

(2) 中断型软件结构的中断模式　表 2-1 为某 CNC 系统各级中断的主要功能。该中断优先级共八级，其中 0 级为最低优先级，实际上是初始化程序；1 级为主控程序，当没有其他中断时，该程序循环执行；7 级为最高级。

表 2-1　CNC 系统各级中断的主要功能

优先级	主要功能	中断源	优先级	主要功能	中断源
0	初始化	开机进入	4	报警	硬件
1	CRT 显示,ROM 奇偶校验	硬件,主控程序	5	插补运算	8ms
2	各种工作方式,插补准备	16ms	6	软件定时	2ms
3	键盘,I/O 及 M、S、T 处理	16ms	7	纸带阅读机	硬件随机

四、开放式数控系统结构

对于专用结构数控系统，由于专门针对 CNC 设计，其结构合理并可获得高的性能价格比。为适应柔性化、集成化、网络化和数字化制造环境，发达国家相继提出数控系统要向标准化、规范化方向发展，并提出开放式数控系统研发计划。1987 年，美国提出 NGC（Next Generation Work-station/Machine Controller）计划及以后的 OMAC（Open Modular Architecture Controller）计划；20 世纪 90 年代，欧洲提出 OSACA（Open System Architecture for Control within Automation System）计划；1995 年，日本提出 OSEC（Open System Environment for Controller）计划。我国也已经展开开放式系统的研究。

1. 美国的 NGC 计划和 OMAC 计划及其结构

NGC 是一个实时加工控制器和工作站控制器，要求适用于各类机床的 CNC 控制和周边装置的过程控制，包括切削加工（钻、铣、磨等）、非切削加工（电加工、等离子弧加工、激光加工等）、测量及装配、复合加工等。

美国作为最早开展开放式数控系统研究的国家，为了实现“开放式体系结构标准规范”（Standards of Open System Architecture for Automatic Systems，简称 SOSAS），美国政府便提出了下一代控制器（Next Generation Controller，简称 NGC）项目。

NGC 计划为具有开放式体系结构的数控系统制定了标准，在这个标准体系下，不同的开发设计人员研发的控制器部件能够相互交换和操作。NGC 不仅将控制器分为控制核心（包括图形支持软件、数据库管理、实时控制等）和应用编程接口（由各种 API 接口构成）两大模块，还提出了系统基本框架的概念。NGC 计划使数控系统生产企业大幅缩短开发周期，节约生产制造成本和培训成本，便于机床制造企业进行系统的升级换代和二次开发，方便用户使用。

美国 DELTA TAU 公司利用 OMAC 协议，采用 PC 加 PMAC 卡组成 PMAC 开放式 CNC 系统。PMAC 卡上具有完整的 NC 控制功能和方便的调用接口，与 PC 采用双端口、总线、串行接口和中断等方式进行信息交换，只需在通用 PC 上进行简单的人机操作界面开发，即可形成各种用途的控制器，以满足不同用户的需求。NGC 系统结构如图 2-12 所示。

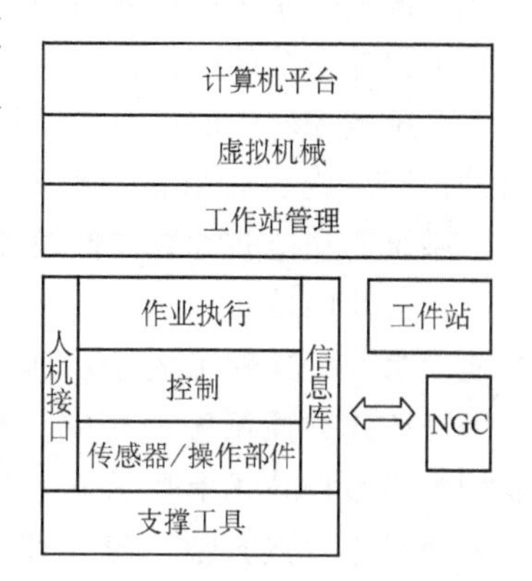

图 2-12 NGC 系统结构

2. 欧洲的 OSACA 计划及其结构

OSACA 计划是针对欧盟的机床，其目标是使 CNC 系统开放，允许机床厂对系统进行补充、扩展、修改、裁剪，以适应不同需要，实现 CNC 的批量生产，增强数控系统和数控机床的市场竞争力。

OSACA 平台的软硬件包括操作系统、通信系统、数据库、系统设定和图形服务器等。平台通过 API（Application Program Interface）与具体应用模块 AO（Architecture Object）发生关系。AO 按其控制功能可分为：人机控制（MMC，Man-Machine Control）模块；运动控制（MC，Motion Control）模块；逻辑控制（LC，Logic Control）模块；轴控制（AC，Axis Control）模块；过程控制（PC，Process Control）模块。

OSACA 的通信接口分为 ASS（Application Services System）、MTS（Message Transport System）和 COC（Communication Object Classes）三种，分别用于不同信息的交换，以满足实时检测和控制的要求。

目前，SIEMENS、FAGOR、NUM、Index 等公司已有数控产品与 OSACA 部分兼容。OSACA 系统平台结构如图 2-13 所示。

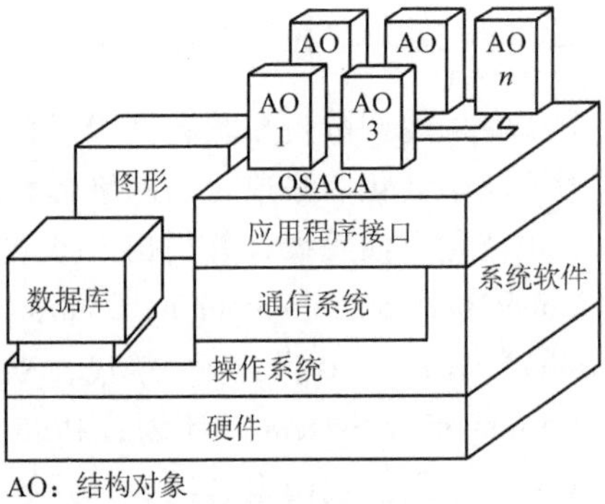

图 2-13　OSACA 系统平台结构

3. 日本的 OSEC 计划及其结构

OSEC 系统采用三层功能结构，即应用、控制和驱动。这种结构可实现零件造型、工艺规划（加工顺序、刀具轨迹、切削条件等）、机床控制处理（程序解释、操作模块控制、智能处理等）、刀具轨迹控制、顺序控制、轴控制等。OSEC 开放系统体系结构如图 2-14 所示。

4. 我国开放式系统的研究

尽管我国在开放式数控系统方面的研究工作开始的较晚，但是现阶段已经取得了较多的产品与成果。一种以个人 PC 机为平台的，全部用软件实现的开放式数控系统已经被中科院沈阳计算技术研究所研制出来，并且他们已经将该系统实现了市场化、产品化。并且该系统的扩展性能较好，它的全部功能都可以实现实时操控系统。该数控系统通过通信中间件与网络化平台，增强了数控系统的操作性；通过采用实时化扩展，这一系统数控软件的可移植性得到了较大的提升。通过控制总线和通用软件平台的支撑，较大的提升了系统的功能和性能的伸缩性。

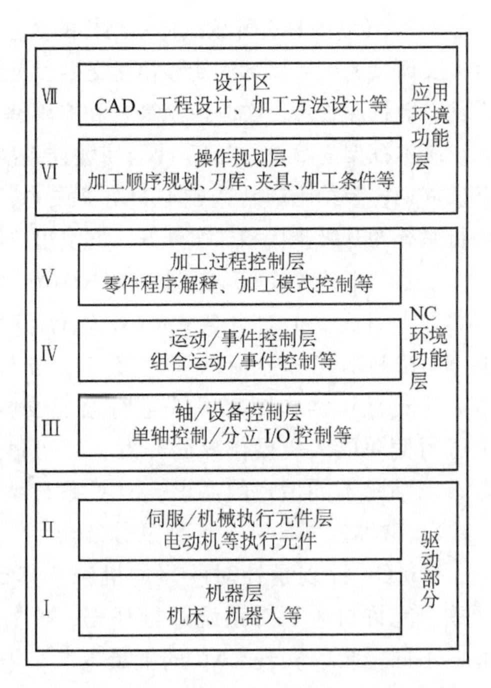

图 2-14　OSEC 开放系统体系结构

自从我国给出重大科技专项资金以来，上海交通大学、大连理工大学、浙江大学等高校都进行了开放式数控系统的研究。除此之外，国内企业如广州数控技术有限公司、武汉华中数控股份有限公司等重点数控厂家，都已经开始研发适合自己的开放式数控系统产品，在我国中低端的数控市场中取得了较好的成绩。

2002 年 6 月，我国正式颁布 GB/T 18759.1—2002《机械电气设备开放式数控系统　第 1 部分：总则》，该标准于 2003 年 1 月 1 日正式生效。这一标准集合了我国在开放式数控领域研究的基础成果，重点在系统总体构成方面做了较为详细而明确的定义。虽然其仅仅是开放式数控系统标准的总则，没有达到真正意义上对开放式数控系统全部标准的描述，但是仍不失为一个较为完整系统框架的体系标准。该标准对数控系统的开放程度定义了三个层次，每个层次数控系统的开放程度不同；同时，对一个完整的开放式数控系统应具有的基本体系结构做了明确规范，用来指导开放式数控系统设计和更深层次的开放式数控系统标准的其他各部分的定义。按照 GB/T 18759.1—2002 要求，一个开放式数控系统的基本结构由系统平台、硬件平台、软件平台、开放式数控系统应用软件、配置系统以及功能单元库等组成。

任务二 CNC 系统插补原理的认知

一、概述

1. 插补的基本概念

在数控机床中，刀具的运动轨迹是折线，而不是光滑的曲线。因此，刀具不能严格地沿着所加工的曲线运动，只能用折线逼近被加工的曲线。所谓插补就是指数据密化的过程。在对数控系统输入有限坐标点（例如起点、终点）的情况下，计算机根据线段的特征（直线、圆弧、椭圆等），运用一定的算法，自动地在这些特征点之间插入一系列的中间点，即所谓数据密化，从而对各坐标轴进行脉冲分配，完成整个曲线的轨迹运行，以满足加工精度的要求。在 CNC 系统中有一个专门完成脉冲分配的计算装置——插补器，在计算过程中不断向各个坐标轴发出相互协调的进给脉冲，使被控机械部件按指定的路线移动。

2. 插补方法

（1）脉冲增量插补　脉冲增量插补又称基准脉冲插补，是通过向各个运动轴分配脉冲，控制机床坐标轴做相互协调的运动，从而加工出一定形状零件轮廓的算法。显然，这类插补算法的输出是脉冲形式，并且每次仅产生一个单位的行程增量，故称为脉冲增量插补。而相对于控制系统发出的每个脉冲信号，机床移动部件对应坐标轴的位移量大小称为脉冲当量，一般用 δ 表示，它标志着数控机床的加工精度。对于普通数控机床，一般 δ 为 0.01mm；对于较精密的数控机床，一般 δ 为 0.005mm、0.0025mm 或 0.001mm 等。

脉冲增量插补有逐点比较法、数字积分法以及一些相应的改进算法等。

一般来讲，脉冲增量插补算法较适合于中等精度（如 0.01mm）和中等速度（1~3m/min）的 CNC 系统中。由于脉冲增量插补误差小于一个脉冲当量，并且其输出的脉冲速率主要受插补程序所用时间的限制，所以 CNC 系统精度与切削速度之间是相互影响的。例如，实现某脉冲增量插补算法大约需要 30μs，当系统脉冲当量为 0.001mm 时，可求得单个运动坐标轴的极限速度约为 2m/min。当要求控制两个或两个以上坐标轴时，所获得的轮廓速度还将进一步降低。反之，若将系统单轴极限速度提高到 20m/min，则要求将脉冲当量增大到 0.01mm。可见，CNC 系统中的这种制约关系限制了其精度和速度的提高。

（2）数据采样插补　数据采样插补就是使用一系列首尾相连的微小直线段来逼近给定曲线，由于这些微小直线段是根据编程进给速度，按系统给定的时间间隔来进行分割的，所以又称为“时间分割法”插补。该时间间隔亦即插补周期（T_s）。分割后得到的这些微小直线段对于系统精度而言仍是比较大的，为此，必须进一步进行数据点的密化工作。所以，也称微小直线段的分割过程是粗插补，而后续进一步的密化过程是精插补。

一般情况下，数据采样插补法中的粗插补是由软件实现的，并且由于其算法中涉及一些三角函数和复杂的算术运算，所以大多采用高级语言完成。而精插补算法大多采用前面介绍的脉冲增量插补算法，它既可由软件实现也可由硬件实现。由于相应算术运算较简单，所以由软件实现时大多采用汇编语言完成。

位置控制周期（T_c）是数控系统中伺服位置环的采样控制周期。对于给定的某个数控系统而言，插补周期和位置控制周期是两个固定不变的时间参数。

通常 $T_s \geqslant T_c$，并且为了便于系统内部控制软件的处理，当 T_s 与 T_c 不相等时，一般要求 T_s 是 T_c 的整数倍。这是由于插补运算较复杂，处理时间较长，而位置环数字控制算法较简单，处理时间较短，所以每次插补运算的结果可供位置环多次使用。现假设编程进给速度为 F，插补周期为 T_s，则可求得插补分割后的微小直线段长度为 ΔL（暂不考虑单位），即

$$\Delta L = FT_s$$

插补周期对系统稳定性没有影响，但对被加工轮廓的轨迹精度有影响；而控制周期对系统稳定性和轮廓误差均有影响。因此，选择 T_s 时主要从插补精度方面考虑，而选择 T_c 时则从伺服系统的稳定性和动态跟踪误差两方面考虑。按插补周期将零件轮廓轨迹分割为一系列微小直线段，然后将这些微小直线段进一步进行数据密化，将对应的位置增量数据（如 ΔX、ΔY）再与采样所获得的实际位置反馈值相比较，可求得位置跟踪误差。位置伺服软件就根据当前的位置误差计算出进给坐标轴的速度给定值，并将其输送给驱动装置，通过电动机带动丝杠和工作台朝着减小误差的方向运动，以保证整个系统的加工精度。由于这类算法的插补结果是一个数字量，故其适用于以直流或交流伺服电动机作为执行元件的闭环或半闭环数控系统中。

当数控系统选用数据采样插补方法时，由于插补频率较低，为 50～125Hz，插补周期为 8～20ms，这时使用计算机是易于管理和实现的。计算机完全可以满足插补运算及数控加工程序编制、存储、收集运行状态数据、监视机床等其他数控功能，并且数控系统所能达到的最大轨迹运行速度在 10m/min 以上。也就是说，数据采样插补程序的运行时间已不再是限制轨迹运行速度的主要因素，其轨迹运行速度的上限将取决于圆弧弦线误差以及伺服系统的动态响应特性。

二、典型的插补方法

1. 逐点比较法

逐点比较法是通过逐点比较刀具与所需插补曲线之间的相对位置，确定刀具的进给方向，进而加工出工件轮廓的插补方法。刀具从加工起点开始，按照“靠近曲线，指向终点”的进给方向确定原则，控制刀具的依次进给，直至插补曲线终点，从而获得一个近似于数控加工程序规定的轮廓轨迹。

逐点比较法插补过程中每进给一步都要经过以下四个节拍：

第一节拍——偏差判别。判别刀具当前位置相对于给定轮廓的偏离情况，并以此决定刀具进给方向。

第二节拍——坐标进给。根据偏差判别结果，控制刀具沿工件轮廓向减小偏差的方向进给一步。

第三节拍——偏差计算。刀具进给一步后，计算刀具新的位置与工件轮廓之间的偏差，作为下一步偏差判别的依据。

第四节拍——终点判别。刀具每进给一步均要判别刀具是否到达被加工工件轮廓的终点，若到达则插补结束，否则继续循环，直至终点。

四个节拍的工作流程如图 2-15 所示。

下面介绍逐点比较法直线插补和圆弧插补的基本原理及其实现方法。

（1）逐点比较法第Ⅰ象限直线插补　设第Ⅰ象限直线 OE 的起点 O 为坐标原点，终点 E 坐标为 E（X_e，Y_e），如图 2-16 所示。刀具在某一时刻处于点 T（X_i，Y_i），现假设点 T 正好处于直线 OE 上，则有下式成立

$$\frac{Y_i}{X_i}=\frac{Y_e}{X_e} \tag{2-1a}$$

即

$$X_eY_i-X_iY_e=0 \tag{2-1b}$$

逐点比较法

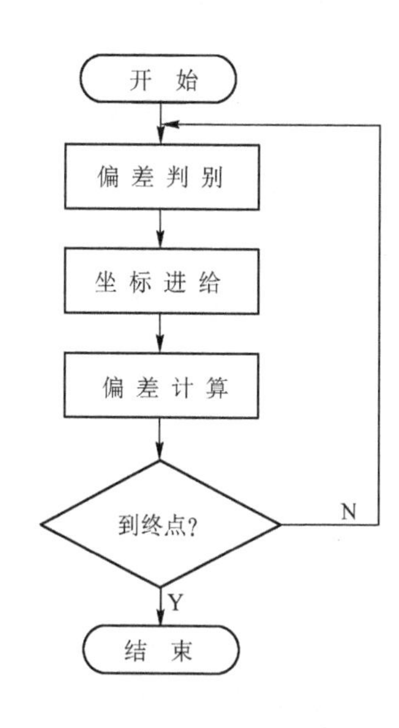

图 2-15　逐点比较法工作流程图

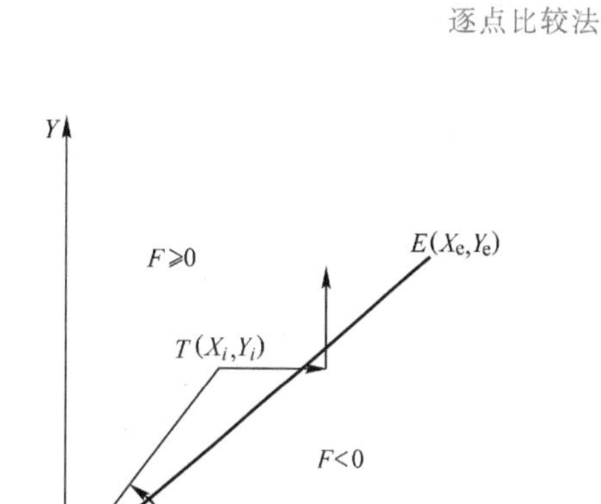

图 2-16　刀具与直线之间的位置关系

设刀具位于直线 OE 的上方，则直线 OT 的斜率大于直线 OE 的斜率，有下式成立

$$\frac{Y_i}{X_i}>\frac{Y_e}{X_e} \tag{2-2a}$$

即

$$X_eY_i-X_iY_e>0 \tag{2-2b}$$

设刀具位于直线 OE 的下方，则直线 OT 的斜率小于直线 OE 的斜率，有下式成立

$$\frac{Y_i}{X_i}<\frac{Y_e}{X_e} \tag{2-3a}$$

即

$$X_eY_i-X_iY_e<0 \tag{2-3b}$$

由以上关系式可以看出，$X_eY_i-X_iY_e$ 的符号就反映了刀具与直线 OE 之间的偏离情况，为此取偏差函数为

$$F=X_eY_i-X_iY_e \tag{2-4}$$

刀具所处点 T（X_i，Y_i）与直线 OE 之间的位置关系（见图 2-17）可概括为：

当 $F=0$ 时，刀具位于直线上；

当 $F>0$ 时，刀具位于直线上方；

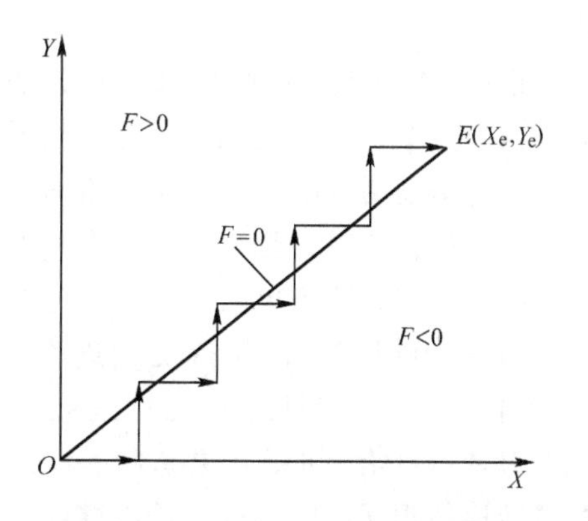

图 2-17　直线插补轨迹

当 $F<0$ 时，刀具位于直线下方。

图 2-17 中，通常将 $F=0$ 归结为 $F>0$ 的情况，根据进给方向确定原则，当刀具位于直线上方或直线上，即 $F\geqslant 0$ 时，刀具沿 $+X$ 方向进给一步；当刀具位于直线下方，即 $F<0$ 时，刀具沿 $+Y$ 方向进给一步。根据上述原则，刀具从原点 O（0，0）开始，进给一步，计算一次 F；判别 F 符号，再进给一步，再计算一次 F，不断循环，直至终点 E。这样，通过逐点比较的方法，控制刀具走出一条近似零件轮廓的轨迹，如图 2-17 中折线所示。当每次进给的步长（即脉冲当量）很小时，就可将这条折线近似当作直线来看待。显然，逼近程度的大小与脉冲当量的大小直接相关。

由式（2-4）可以看出，每次求 F 时，要作乘法和减法运算，为了简化运算，采用递推法，得出偏差计算表达式。

现假设第 i 次插补后，刀具位于点 T（X_i，Y_i），偏差函数为

$$F_i=X_eY_i-X_iY_e$$

若 $F_i\geqslant 0$，刀具沿 $+X$ 方向进给一步，刀具到达新的位置 T'（X_{i+1}，Y_{i+1}），坐标值为

$$X_{i+1}=X_i+1, Y_{i+1}=Y_i$$

因此，新的偏差函数为

$$\begin{aligned}F_{i+1}&=X_eY_{i+1}-X_{i+1}Y_e\\&=X_eY_i-(X_i+1)Y_e\\&=X_eY_i-X_iY_e-Y_e\\&=F_i-Y_e\end{aligned}$$

即

$$F_{i+1}=F_i-Y_e \tag{2-5}$$

同样，若 $F<0$，刀具沿 $+Y$ 方向进给一步，刀具到达新的位置 T''（X_{i+1}，Y_{i+1}），坐标值为

$$X_{i+1}=X_i, Y_{i+1}=Y_i+1$$

因此，新的偏差函数为

$$\begin{aligned}F_{i+1}&=X_eY_{i+1}-X_{i+1}Y_e\\&=X_e(Y_i+1)-X_iY_e\\&=X_eY_i-X_iY_e+X_e\\&=F_i+X_e\end{aligned}$$

即

$$F_{i+1}=F_i+X_e \tag{2-6}$$

根据式（2-5）和式（2-6）可以看出，偏差函数 F 的计算只与终点坐标值 X_e、Y_e 有关，与动点 T 的坐标值无关，且不需要进行乘法运算，算法相当简单，易于实现。

在这里还要说明的是，当开始加工时，一般是采用人工方法将刀具移到加工起点，即所谓对刀过程，这时刀具正好处于直线上，所以偏差函数的初始值为 $F_0=0$。

综上所述，第Ⅰ象限偏差函数与进给方向的对应关系如下：

当 $F\geqslant 0$ 时，刀具沿 $+X$ 方向进给一步，新的偏差函数为 $F_{i+1}=F_i-Y_e$

当 $F<0$ 时，刀具沿 $+Y$ 方向进给一步，新的偏差函数为 $F_{i+1}=F_i+X_e$

刀具每进给一步，都要进行一次终点判别，若已经到达终点，插补运算停止，并发出停机或转换新程序段的信号，否则继续进行插补循环。终点判别通常采用以下两种方法。

① 总步长法。将被插补直线在两个坐标轴方向上应走的总步数求出，即 $\Sigma=|X_e|+$

$|Y_e|$，刀具每进给一步，就执行 $\Sigma-1\rightarrow\Sigma$，即从总步数中减去 1，这样当总步数减到零时即表示到达终点。

② 终点坐标法。刀具每进给一步，就将动点坐标与终点坐标进行比较，即判别 $X_i-X_e=0$ 和 $Y_i-Y_e=0$ 是否成立。若等式成立，则插补结束，否则继续。

在上述推导和叙述过程中，均假设所有坐标值的单位是脉冲当量，这样坐标值均是整数，每次发出一个单位脉冲，也就是进给一个脉冲当量的距离。

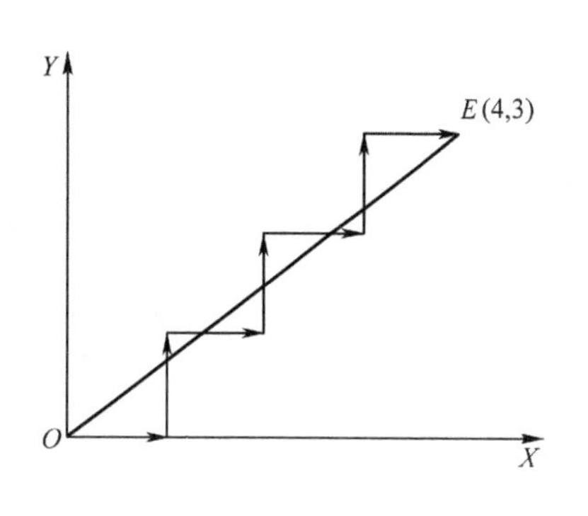

图 2-18 直线插补轨迹

例 2-1 现欲加工第 I 象限直线 OE，设起点位于坐标原点 O（0，0），终点坐标为 $X_e=4$，$Y_e=3$。试用逐点比较法对该直线进行插补，并画出刀具运行轨迹。

解：总步数 $\Sigma_0=4+3=7$，开始时刀具处于直线起点 O（0，0），$F_0=0$，则插补运算过程见表 2-2，插补轨迹如图 2-18 所示。

表 2-2 直线插补运算过程

序号	工作节拍			
	第一拍 偏差判别	第二拍 进　给	第三拍 偏差计算	第四拍 终点判别
起点			$F_0=0$	$\Sigma_0=7$
1	$F_0=0$(起点)	$+\Delta X$	$F_1=F_0-Y_e=0-3=-3$	$\Sigma_1=\Sigma_0-1=7-1=6$
2	$F_1=-3<0$	$+\Delta Y$	$F_2=F_1+X_e=-3+4=1$	$\Sigma_2=\Sigma_1-1=6-1=5$
3	$F_2=1>0$	$+\Delta X$	$F_3=F_2-Y_e=1-3=-2$	$\Sigma_3=\Sigma_2-1=5-1=4$
4	$F_3=-2<0$	$+\Delta Y$	$F_4=F_3+X_e=-2+4=2$	$\Sigma_4=\Sigma_3-1=4-1=3$
5	$F_4=2>0$	$+\Delta X$	$F_5=F_4-Y_e=2-3=-1$	$\Sigma_5=\Sigma_4-1=3-1=2$
6	$F_5=-1<0$	$+\Delta Y$	$F_6=F_5+X_e=-1+4=3$	$\Sigma_6=\Sigma_5-1=2-1=1$
7	$F_6=3>0$	$+\Delta X$	$F_7=F_6-Y_e=3-3=0$	$\Sigma_7=\Sigma_6-1=1-1=0$(终点)

这里要注意的是，对于逐点比较法插补，在起点和终点处刀具均落在零件轮廓上，也就是说在插补开始和结束时偏差值均为零，即 $F=0$，否则，插补运算过程将出现错误。逐点比较法直线插补软件流程如图 2-19 所示。

（2）逐点比较法第 I 象限逆圆插补　在圆弧加工过程中，要描述刀具位置与被加工圆弧之间的相对位置关系，可用动点到圆心的距离大小来反映。

如图 2-20 所示，假设被加工零件的轮廓为第 I 象限逆圆弧 AE，刀具位于点 T（X_i，Y_i）处，圆心为 O（0，0），半径为 R，则通过比较点 T 到圆心的距离与圆弧半径 R 的大小就可以判断出刀具与圆弧之间的相对位置关系。

当点 T（X_i，Y_i）正好落在圆弧 AE 上时，则有下式成立

$$X_i^2+Y_i^2=X_e^2+Y_e^2=R^2 \tag{2-7}$$

当点 T 落在圆弧 AE 外侧时，则有下式成立

$$X_i^2+Y_i^2>X_e^2+Y_e^2=R^2 \tag{2-8}$$

当点 T 落在圆弧 AE 内侧时，则有下式成立

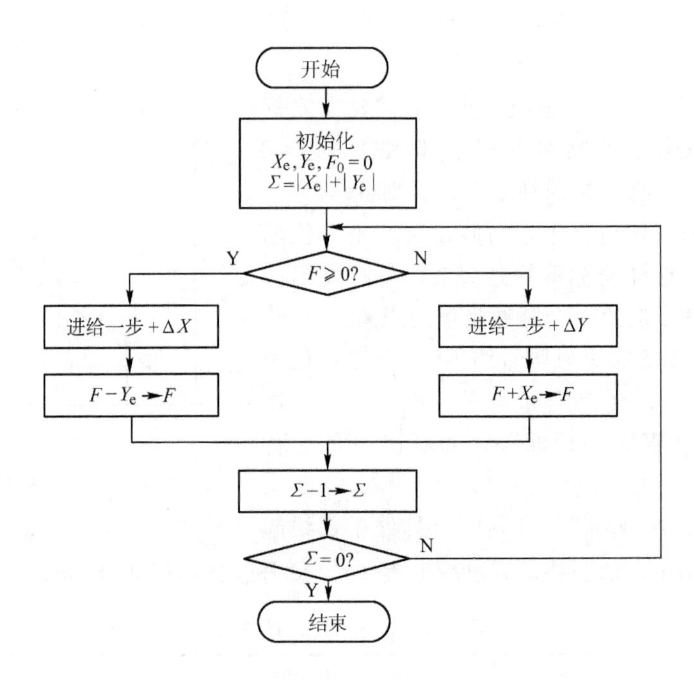

图 2-19 逐点比较法直线插补软件流程

$$X_i^2+Y_i^2<X_e^2+Y_e^2=R^2 \tag{2-9}$$

所以，取圆弧插补时的偏差函数表达式为

$$F=X_i^2+Y_i^2-R^2 \tag{2-10}$$

当 $F\geqslant 0$ 时，动点在圆外或圆上，根据进给方向确定的原则，刀具沿 $-X$ 方向进给一步；当 $F<0$ 时，动点在圆弧内，则刀具沿 $+Y$ 方向进给一步。

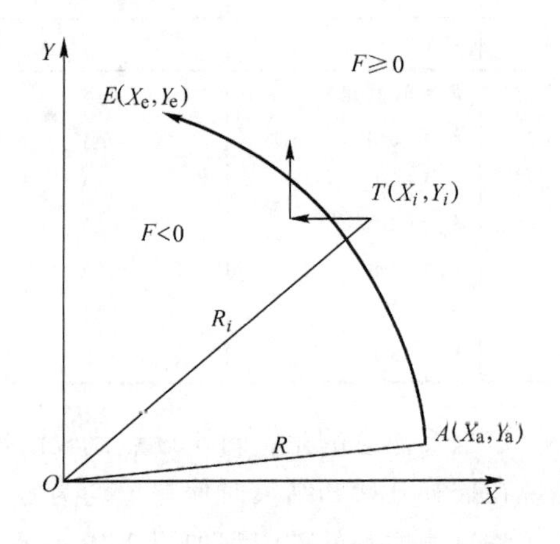

图 2-20 刀具与圆弧之间的位置关系

设第 i 次插补后，刀具位于点 T（X_i，Y_i），对应的偏差函数为

$$F=X_i^2+Y_i^2-R^2$$

若 $F_i\geqslant 0$，刀具沿 $-X$ 轴方向进给一步，到达新的位置，坐标值为

$$X_{i+1}=X_i-1,\quad Y_{i+1}=Y_i$$

因此，新的偏差函数为

$$\begin{aligned}F_{i+1}&=X_{i+1}^2+Y_{i+1}^2-R^2\\&=(X_i-1)^2+Y_i^2-R^2\\&=F_i-2X_i+1\end{aligned}$$

即

$$F_{i+1}=F_i-2X_i+1 \tag{2-11}$$

同理，若 $F_i<0$，刀具沿 $+Y$ 轴方向进给一步，到达新的位置，坐标值为

$$X_{i+1}=X_i,\quad Y_{i+1}=Y_i+1$$

因此，新的偏差函数为

$$F_{i+1}=X_{i+1}^2+Y_{i+1}^2-R^2$$

$$=X_i^2+(Y_i+1)^2-R^2$$
$$=F_i+2Y_i+1$$

即
$$F_{i+1}=F_i+2Y_i+1 \tag{2-12}$$

第 I 象限逆圆弧插补计算公式可归纳为：

当 $F_i \geqslant 0$ 时，刀具沿 $-X$ 方向进给，$F_{i+1}=F_i-2X_i+1$，$X_{i+1}=X_i-1$，$Y_{i+1}=Y_i$；

当 $F_i<0$ 时，刀具沿 $+Y$ 方向进给，$F_{i+1}=F_i+2Y_i+1$，$X_{i+1}=X_i$，$Y_{i+1}=Y_i+1$。

根据进给方向的确定原则，第 I 象限顺圆弧插补计算公式也可归纳为：

当 $F_i \geqslant 0$ 时，刀具沿 $-Y$ 方向进给，$F_{i+1}=F_i-2Y_i+1$，$X_{i+1}=X_i$，$Y_{i+1}=Y_i-1$；

当 $F_i<0$ 时，刀具沿 $+X$ 方向进给，$F_{i+1}=F_i+2X_i+1$，$X_{i+1}=X_i+1$，$Y_{i+1}=Y_i$。

和直线插补一样，插补过程中也要进行终点判别。总的步长为

$$\Sigma=|X_e-X_a|+|Y_e-Y_a| \tag{2-13}$$

式中 (X_A, Y_A)——被插补圆弧起点坐标；

(X_e, Y_e)——被插补圆弧终点坐标。

例 2-2 现欲加工第 I 象限逆圆弧 AE，如图 2-21 所示，起点 A（6，0），终点 E（0，6）。试用逐点比较法对该段圆弧进行插补，并画出刀具运动轨迹。

解： 总步数 $\Sigma=|X_e-X_a|+|Y_e-Y_a|=12$

开始时刀具处于圆弧起点 A（6，0），$F_0=0$。

插补运算过程见表 2-3，对应的插补轨迹如图 2-21 所示。

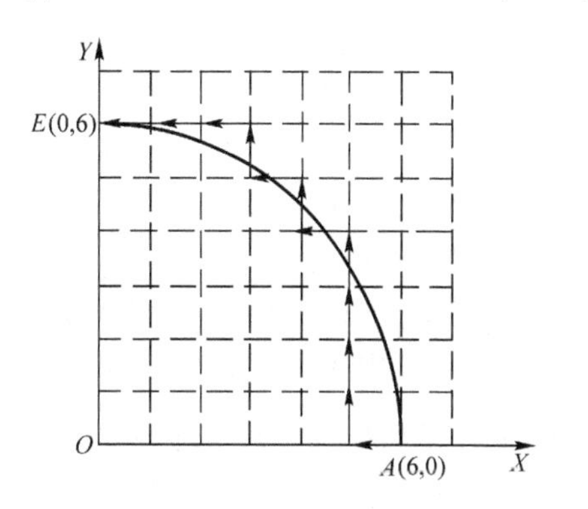

图 2-21 逆圆弧插补轨迹

表 2-3 第 I 象限逆圆弧插补运算过程

序号	工作节拍				
	第一拍 偏差判别	第二拍 进给	第三拍		第四拍 终点判别
			偏差计算	坐标计算	
起点			$F_0=0$	$X_0=6, Y_0=0$	$\Sigma_0=12$
1	$F_0=0$	$-\Delta X$	$F_1=0-2\times6+1=-11$	$X_1=5, Y_1=0$	$\Sigma_1=\Sigma_0-1=11$
2	$F_1=-11<0$	$+\Delta Y$	$F_2=-11+0+1=-10$	$X_2=5, Y_2=1$	$\Sigma_2=\Sigma_1-1=10$
3	$F_2=-10<0$	$+\Delta Y$	$F_3=-10+2\times1+1=-7$	$X_3=5, Y_3=2$	$\Sigma_3=\Sigma_2-1=9$
4	$F_3=-7<0$	$+\Delta Y$	$F_4=-7+2\times2+1=-2$	$X_4=5, Y_4=3$	$\Sigma_4=\Sigma_3-1=8$
5	$F_4=-2<0$	$+\Delta Y$	$F_5=-2+2\times3+1=5$	$X_5=5, Y_5=4$	$\Sigma_5=\Sigma_4-1=7$
6	$F_5=5>0$	$-\Delta X$	$F_6=5-2\times5+1=-4$	$X_6=4, Y_6=4$	$\Sigma_6=\Sigma_5-1=6$
7	$F_6=-4<0$	$+\Delta Y$	$F_7=-4+2\times4+1=5$	$X_7=4, Y_7=5$	$\Sigma_7=\Sigma_6-1=5$
8	$F_7=5>0$	$-\Delta X$	$F_8=5-2\times4+1=-2$	$X_8=3, Y_8=5$	$\Sigma_8=\Sigma_7-1=4$
9	$F_8=-2<0$	$+\Delta Y$	$F_9=-2+2\times5+1=9$	$X_9=3, Y_9=6$	$\Sigma_9=\Sigma_8-1=3$
10	$F_9=9>0$	$-\Delta X$	$F_{10}=9-2\times3+1=4$	$X_{10}=2, Y_{10}=6$	$\Sigma_{10}=\Sigma_9-1=2$
11	$F_{10}=4>0$	$-\Delta X$	$F_{11}=4-2\times2+1=1$	$X_{11}=1, Y_{11}=6$	$\Sigma_{11}=\Sigma_{10}-1=1$
12	$F_{11}=1>0$	$-\Delta X$	$F_{12}=1-2\times1+1=0$	$X_{12}=0, Y_{12}=6$	$\Sigma_{12}=\Sigma_{11}-1=0$（终点）

第Ⅰ象限逆圆弧逐点比较法插补的软件流程如图 2-22 所示。

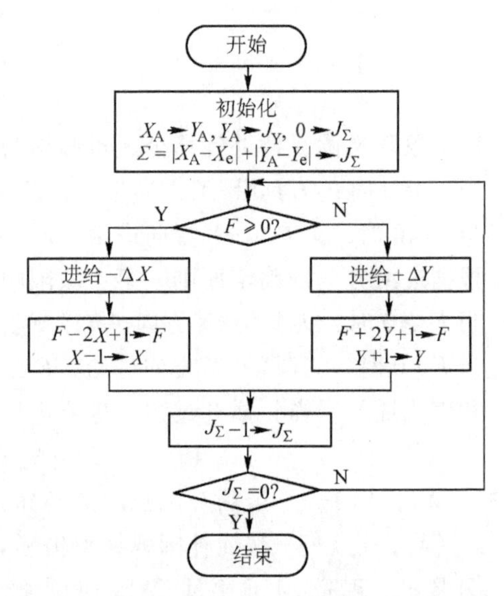

图 2-22 逐点比较法第Ⅰ象限逆圆插补流程

(3) 象限处理 以上只讨论了第Ⅰ象限直线和第Ⅰ象限逆圆弧的插补。但事实上，任何机床都必须具备处理不同象限、不同走向轮廓曲线的能力，不同曲线其插补计算公式和脉冲进给方向都是不同的。为了能够最简单地处理问题和实现这些功能，需要寻找其共同点，将各象限的直线和圆弧的插补公式统一于第Ⅰ象限的计算公式，坐标值用绝对值代入公式计算，以利于 CNC 系统进行程序优化设计，提高插补质量。

直线情况较简单，仅因象限不同而异，现不妨将第Ⅰ、Ⅱ、Ⅲ、Ⅳ象限内的直线分别记为 L1、L2、L3、L4；而对于圆弧若用“S”表示顺圆，用“N”表示逆圆，结合象限的区别可获得 8 种圆弧形式，四个象限的顺圆可表示为 SR1、SR2、SR3、SR4，四个象限的逆圆可表示为 NR1、NR2、NR3、NR4。

不同象限直线的进给如图 2-23 所示，不同象限圆弧的进给如图 2-24 所示，据此可以得出表 2-4 所列的进给脉冲分配表。

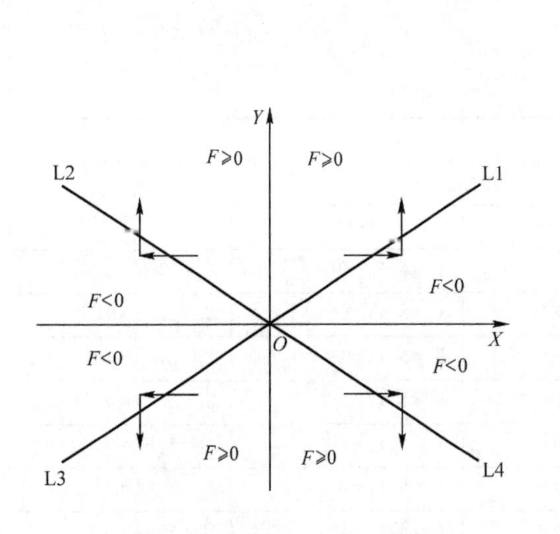

图 2-23 不同象限直线的进给

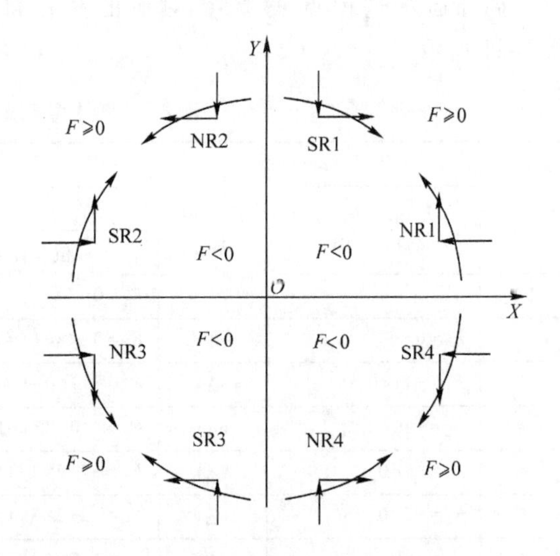

图 2-24 不同象限圆弧的进给

表 2-4 四个象限直线、圆弧插补的进给方向和偏差计算

<table>
<tr><td rowspan="2">线型</td><td>偏差计算</td><td>进给</td><td>偏差计算</td><td>进给</td></tr>
<tr><td colspan="2">$F_i \geqslant 0$</td><td colspan="2">$F_i < 0$</td></tr>
<tr><td>L1
L2
L3
L4</td><td>$F-Y_e \to F$</td><td>$+\Delta X$
$-\Delta X$
$-\Delta X$
$+\Delta X$</td><td>$F+X_e \to F$</td><td>$+\Delta Y$
$+\Delta Y$
$-\Delta Y$
$-\Delta Y$</td></tr>
</table>

（续）

线型	偏差计算	进给	偏差计算	进给
	$F_i \geq 0$		$F_i<0$	
SR1 SR3 NR2 NR4	$F-2Y+1 \rightarrow F$ $Y-1 \rightarrow Y$	$-\Delta Y$ $+\Delta Y$ $-\Delta Y$ $+\Delta Y$	$F+2X+1 \rightarrow F$ $X+1 \rightarrow X$	$+\Delta X$ $-\Delta X$ $-\Delta X$ $+\Delta X$
SR2 SR4 NR1 NR3	$F-2X+1 \rightarrow F$ $X-1 \rightarrow X$	$+\Delta X$ $-\Delta X$ $-\Delta X$ $+\Delta X$	$F+2Y+1 \rightarrow F$ $Y+1 \rightarrow Y$	$+\Delta Y$ $-\Delta Y$ $+\Delta Y$ $-\Delta Y$

2. 数据采样插补法

CNC 系统的发展，特别是高性能直流伺服系统和交流伺服系统的出现，为提高现代数控系统的综合性能创造了有利条件。相应地，现代数控系统的插补方法更多地采用数据采样插补法。

数据采样插补法就是将被加工的一段零件轮廓曲线用一系列首尾相连的微小直线段去逼近，如图 2-25 所示。

图 2-25 数据采样插补法

（1）插补周期的选择

1）插补周期与插补运算时间的关系。根据完成某种插补运算法所需的最大指令条数，可以大致确定插补运算占用 CPU 的时间。通常插补周期 T_S 必须大于插补运算时间与 CPU 执行其他实时任务（如显示、监控和精插补等）所需时间之和。

2）插补周期与位置反馈采样的关系。插补周期 T_S 与采样周期 T_c 可以相等，也可以是采样周期的整数倍，即 $T_S=nT_c$（$n=1$，2，3，…）。

3）插补周期与精度、速度的关系。直线插补时，插补所形成的每段小直线与给定直线重合，不会造成轨迹误差。圆弧插补时，用弦线逼近圆弧将造成轨迹误差，且插补周期 T_S 与最大半径误差 e_r、半径 R 和刀具移动速度 F 有如下关系

$$e_r=\frac{(T_S F)^2}{8R}$$

例如，日本 FANUC-7M 系统的插补周期为 8ms，美国 A-B 公司的 7360 数控系统的插补周期为 10.24ms。

（2）数据采样插补原理

1）数据采样直线插补。如图 2-26 所示，直线起点在原点 O（0，0），终点为 E（X_e，Y_e），刀具移动速度为 F。设插补周期为 T_S，则每个插补周期的进给步长为

$$\Delta L=FT_S$$

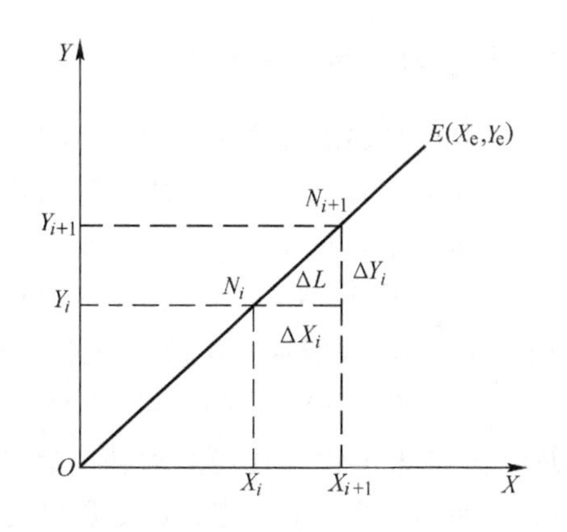

图 2-26 数据采样法直线插补

各坐标轴的位移量为

$$\Delta X=\frac{\Delta L}{L}X_{\mathrm{e}}=KX_{\mathrm{e}}$$

$$\Delta Y=\frac{\Delta L}{L}Y_{\mathrm{e}}=KY_{\mathrm{e}}$$

式中 L——直线段长度，$L=\sqrt{X_{\mathrm{e}}^2+Y_{\mathrm{e}}^2}$；

K——系数，$K=\Delta L/L$。

因为

$$X_i=X_{i-1}+\Delta X_i=X_{i-1}+KX_{\mathrm{e}}$$
$$Y_i=Y_{i-1}+\Delta Y_i=Y_{i-1}+KY_{\mathrm{e}}$$

因此动点 i 的插补计算公式为

$$X_i=X_{i-1}+\frac{FT_{\mathrm{S}}}{\sqrt{X_{\mathrm{e}}^2+Y_{\mathrm{e}}^2}}X_{\mathrm{e}}$$

$$Y_i=Y_{i-1}+\frac{FT_{\mathrm{S}}}{\sqrt{X_{\mathrm{e}}^2+Y_{\mathrm{e}}^2}}Y_{\mathrm{e}}$$

2）数据采样圆弧插补。圆弧插补的基本思想是在满足精度要求的前提下，用弦进给代替弧进给，即用直线逼近圆弧。

图 2-27 所示为一逆圆弧，圆心在坐标原点，起点 A（X_{a}，Y_{a}），终点 E（X_{e}，Y_{e}）。圆弧插补的要求是在已知刀具移动速度 F 的条件下，计算出圆弧段上的若干个插补点，并使相邻两个插补点之间的弦长 ΔL 满足

$$\Delta L=FT_{\mathrm{S}}$$

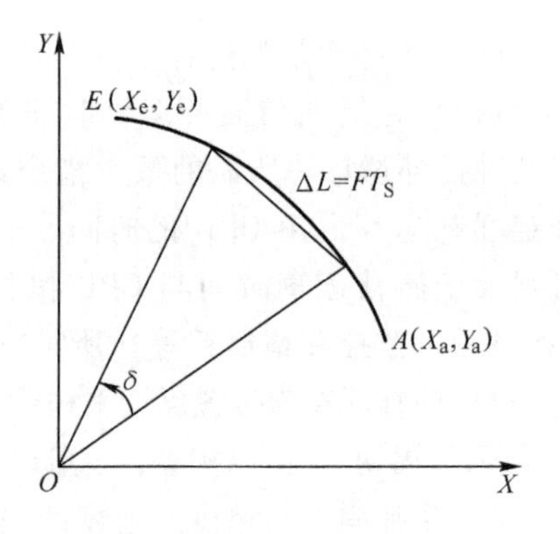

图 2-27 用弦进给代替弧进给

除上述插补方法之外，还有多种插补方法，如比较积分法、直接函数运算法、时差法等，并且还在不断发展和完善。由于篇幅所限，这里不一一介绍。

三、刀具半径补偿原理

编制零件加工程序时，一般按零件图样中的轮廓尺寸决定零件程序段的运动轨迹。但在实际切削加工时，是按刀具中心运动轨迹进行控制的，因此刀具中心轨迹必须与零件轮廓线之间偏离一个刀具半径值，才能保证零件的轮廓尺寸。为此，CNC 装置应该能够根据零件轮廓信息和刀具半径值自动计算出刀具中心的运动轨迹，使其自动偏离零件轮廓一个刀具半径值，如图 2-28 所示。这种自动偏移计算称为刀具半径补偿。

准备功能 G 代码中的 G40、G41 和 G42 是刀具半径补偿功能指令。其中，G40 用于取消刀补，G41 和 G42 用于建立刀补。沿着刀具前进方向看，G41 是刀具位于被加工工件轮廓左侧，称为刀具半径左补偿；G42 是刀具位于被加工工件轮廓右侧，称为刀具半径右补偿。图 2-28 中的刀具补偿方向应为 G42。

刀具半径补偿执行过程一般分为三步。

第一步为刀补建立。刀具从起刀点接近工件，由 G41/G42 决定刀补方向以及刀具中心轨迹在原来的编程轨迹基础上是伸长还是缩短了一个刀具半径值，如图 2-29 所示。

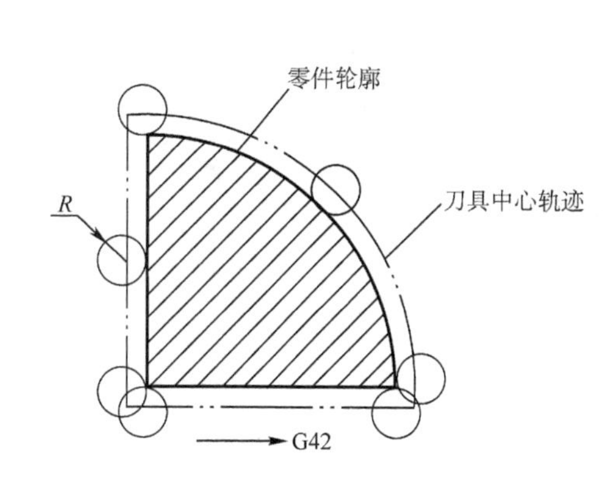

图 2-28 零件轮廓和刀具中心轨迹

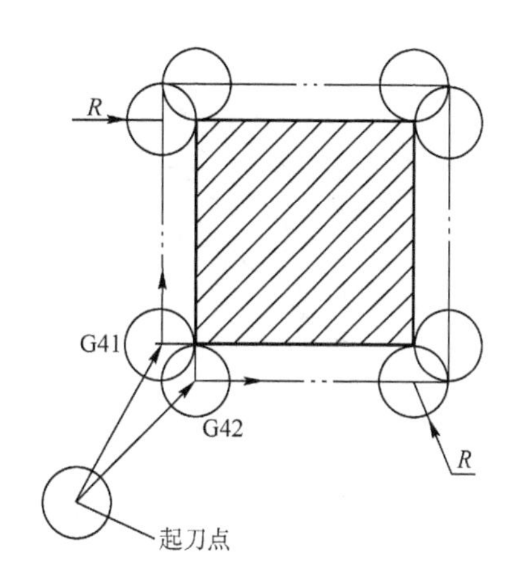

图 2-29 建立刀具补偿

第二步为刀补进行。一旦刀补建立则一直维持，直至被撤销。在刀补进行过程中，刀具中心轨迹始终偏离编程轨迹一个刀具半径值的距离。在转接处，采用圆弧过渡或直线过渡。

第三步为刀补撤销（G40）。刀具撤离工件，刀具中心运动到编程终点（一般为起刀点）。与建立刀补时一样，刀具中心轨迹也要比编程轨迹伸长或缩短一个刀具半径的距离。

在 CNC 装置中，根据相邻两程序段所走的线型不同或两个程序段轨迹的矢量夹角和刀具补偿方向的不同，一般将转接类型分为三种：直线与直线转接、直线与圆弧（或圆弧与直线）转接和圆弧与圆弧转接。根据两个程序段轨迹矢量的夹角 α（锐角或钝角）以及刀具补偿方向（G41 或 G42）的不同，又有三种过渡形式，即缩短型、伸长型和插入型。

对于直线至直线的转接，系统采用以下算法，如图 2-30 所示，其编程轨迹为 $OA \rightarrow AF$，且均采用左刀补。

1）缩短型转接。在图 2-30a、b 中，*AB*、*AD* 为刀具半径。对应于编程轨迹 *OA* 和 *AF*，刀具中心轨迹 *IB* 和 *DK* 将在 *C* 点相交，由数控系统求出 *C* 点的坐标值，使实际刀具中心运动轨迹为 $IC \rightarrow CK$，这样就避免了内轮廓加工的刀具过切现象。刀具中心运动轨迹相对于 *OA* 和 *AF* 来说，分别缩短了 *CB* 与 *DC* 的长度。

2）伸长型转接。在图 2-30c 中，*C* 点是 *IB* 和 *KD* 的延长线的交点，实际刀具中心运动的轨迹为 $IC \rightarrow CK$，由于其轨迹相对于 *OA* 和 *AF* 来说，分别增加了 *CB* 与 *DC* 的长度，因此称为伸长型转接。

3）插入型转接。在图 2-30d 中，仍需外角过渡，但 $\angle OAF$ 较小。若仍采用伸长型转接，交点位置会距 *A* 点较远，将增加刀具的非切削空程时间。为此，可以在 *IB* 与 *DK* 之间插入过渡直线。令 *BC* 等于 DC' 且等于刀具半径值 *AB* 和 *AD*，同时，在中间插入过渡直线 CC'。即刀具中心除了沿原来的编程轨迹伸长移动一个刀具半径长度外，还必须增加一个沿直线 CC' 的移动，等于在原来的程序段中间插入了一个程序段，故称插入型转接。

直线转接直线时右刀补的情况可以此类推。

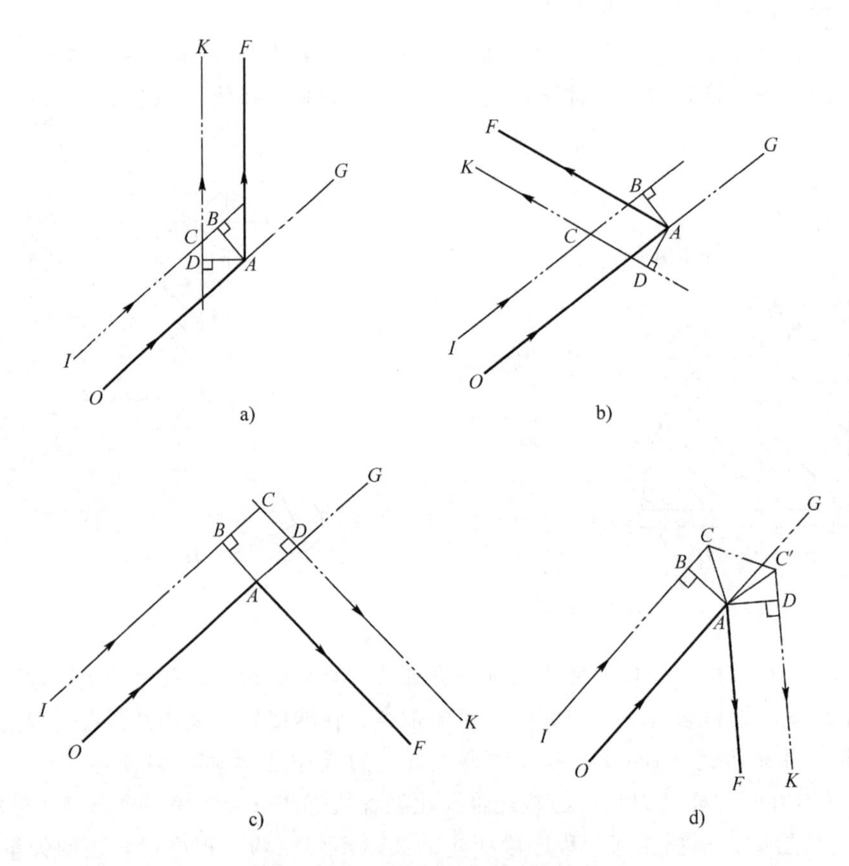

图 2-30 G41 直线至直线转接情况

a)、b) 缩短型转接 c) 伸长型转接 d) 插入型转接

至于圆弧与圆弧转接、直线与圆弧转接的情况，为了便于分析，往往将圆弧等效于直线处理，其转接形式的分类和判别是完全相同的，即左刀补顺圆接顺圆 G41 G02/G41 G02 时，它的转接形式等效于左刀补直线接直线 G41 G01/G41 G01。

任务三 数控系统参数的装载与备份

一、系统数据备份的作用

1. 系统数据

机床出厂时，数控系统内的参数、程序、变量和数据都已经经过调试，并能保证机床的正常运行。但是机床在使用过程中，有可能出现数据丢失、参数紊乱等情况，这就需要对系统数据进行备份，方便进行数据的恢复。另外，如果要批量调试机床，也需要有备份好的数据，以方便批量调试。一旦参数、程序等误操作和人为修改后，要想恢复原来的值，如果既没有详细准确的记录可查，也没有数据备份，就会造成比较严重的后果。

系统数据的备份对初学者尤为重要，在对系统的参数、设置、程序等进行操作前，务必进行数据备份。

2. 存储于 CNC 的数据

CNC 内部数据的种类和保存处见表 2-5。

表 2-5 CNC 内部数据的种类和保存处

数据种类	保存处	备注
CNC 参数	SRAM	
PMC 参数	SRAM	
顺序程序	FLASH ROM	
螺距误差补偿量	SRAM	选择功能
加工程序	SRAM FLASH ROM	
刀具补偿量	SRAM	
用户宏变量	SRAM	选择功能
宏 P-CODE 程序	FLASH ROM	宏执行器 （选择功能）
宏 P-CODE 变量	SRAM	
C 语言执行器应用程序	FLASH ROM	C 语言执行器 （选择功能）
SRAM 变量	SRAM	

CNC 参数、PMC 参数、顺序程序这三种数据随设备出厂。

3. CNC 中数据的备份方法

对存储于 CNC 中的数据进行备份有个别数据备份法和整体数据备份法，区别见表 2-6。

表 2-6 个别数据备份法和整体数据备份法的区别

项目	个别数据备份法	整体数据备份法
输入/输出方式	存储卡 RS-232C 以太网	存储卡
数据形式	文本格式（可利用计算机打开文件）	二进制形式（不能用计算机打开文件）
操作	多页面操作	简单
用途	设计、调整	维修

在选择数据的输入/输出通道时，需设定#20 参数。当使用 CF 卡进行数据备份和恢复时，需将#20 参数设置成 4；当使用 RS-232C 接口与计算机连接进行数据的备份和恢复时，需将#20 参数设定为 0 或 1 或 2。具体通道参数说明如图 2-31 所示。

0020	I/O 通道：选择输入/输出设备或选择前台的输入/输出设备

图 2-31 具体通道参数说明

1）数据类型：字节型。

2）数据范围：0~35。

3）I/O 通道：选择输入/输出设备。为了和外部输入/输出设备或主计算机进行数据传输，CNC 提供如下接口：

①I/O 设备接口（RS-232 串行口 1、2）；②DNC2 接口。

通道参数见表 2-7。

表 2-7 通道参数表

设定值	意义
0,1	RS-232 串行口 1
2	RS-232 串行口 2
4	存储卡接口
5	数据服务器接口
6	运行 DNC 或由 FOCAS/Ethernet 指定的 M198
10	DNC2 接口
15	FOCAS/HSSB 指定的 M198[参数 NWD(No. 8706#1)必须指定]
20 21 22 … 34 35	组 0 组 1 组 2 … 组 14 组 15 CNC 和 Power Mate CN 之间经 FANUC I/O Link 进行数据传输

数控系统参数的备份与装载（开机后）

二、数据备份/装载的操作（FANUC 0i-D 系统）

（一）个别数据的备份

1. CNC 参数的输出

1）解除急停。

2）在机床操作面板上选择 EDIT 方式。

3）按下功能键【SYSTEM】，再按【参数】，显示“参数”页面。

4）依次按【操作】→【F 输出】→【全部】→【执行】，输出 CNC 参数。输出的文件名为“CNC-PARA. TXT”。

2. PMC 时间继电器和计数器参数的输出

1）先按下功能键【SYSTEM】，再按【+】3 次，然后按【PMCMNT】→【I/O】，显示“PMC 数据输入/输出”页面，如图 2-32 所示。

2）输出 PMC 参数时，设定如下。

装置：存储卡；

功能：写；

数据类型：参数；

文件名：（＊标准）或自行输入。

依次按【操作】→【执行】，输出 PMC 参数。

输出 PMC×_PRM. 000（×为 PMC 号，扩展名为文件号）或者自行设定的数字，如图 2-33 所示。

3）输出 PMC 程序。其他设定同 PMC 参数输出，数据类型选择“顺序程序”，即

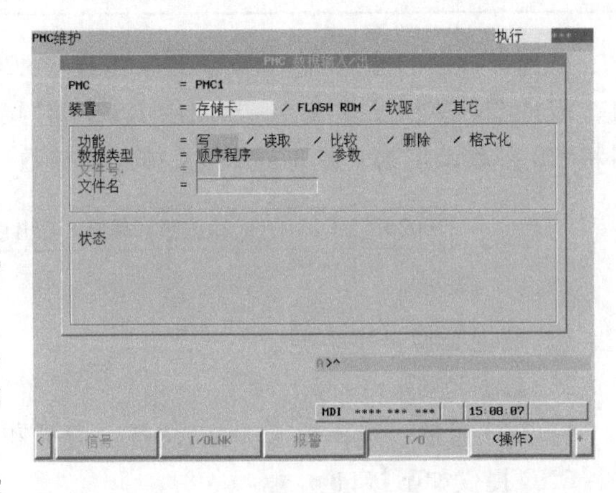

图 2-32 “PMC 数据输入/输出”页面

可完成顺序程序备份，如图 2-34 所示。

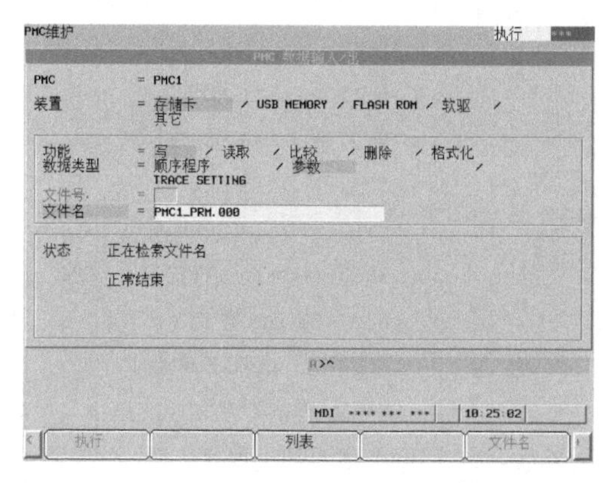

图 2-33 PMC 参数备份设置页面

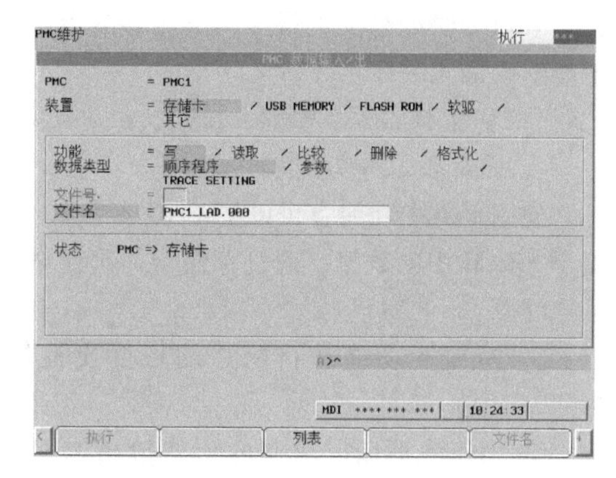

图 2-34 PMC 程序备份设置页面

3. 螺距误差补偿的输出

1）按下功能键【SYSTEM】，再按【+】→【螺补】，显示“螺距误差补偿”页面。

2）依次按【操作】→【+】→【F 输出】→【执行】，输出螺距误差补偿量。输出的文件名为“PITCH. TXT”。

4. 刀具补偿量的输出

1）按下操作面板上的【OFS/SET】键。

2）按下【刀偏】，显示“刀偏”页面。

3）依次按【操作】→【+】→【文件输出】→【执行】，输出刀偏量。输出的文件名为“TOOL OFST. TXT”。

5. 用户宏变量的变量值输出

选择附加用户宏变量功能后，可以保存变量号#500 以后的变量。

1）按下功能键【OFS/SET】。

2）依次按【+】→【宏变量】，显示“用户宏程序”页面。

3）依次按【操作】→【+】→【F 输出】→【执行】，输出用户宏变量。输出的文件名为“MACRO. TXT”。

6. 加工程序的输出

1）按下功能键【PROG】，再按【列表】，显示“程序目录”页面。

2）依次按【操作】→【+】→【F 输出】。

3）从 MDI 键盘上输入保存到存储卡中的文件名称，按【F 名称】。

4）从 MDI 键盘上输入要输出的程序号，单击【O 设定】。

5）按【执行】，输出加工程序。

6）按下功能键【SYSTEM】，再按【+】两次→【所有 I/O】→【参数】，显示“输入/输出（程序）”页面，存储卡中的文件全部显现出来。

注意：

① 输出文本格式文件，可以用计算机编辑器显示文件内容或者进行编辑。

② 进行加工程序的编辑以及数据的输入/输出等操作时，要在 EDIT 方式下进行；由 MDI 面板输入参数时，要在 MDI 方式下进行。

③ CNC 处于报警状态下也能进行数据输出。不过，在输入数据时如果发生报警，虽然参数等可以输入，但是不能输入加工程序。

（二）整体数据的备份

1. 使用 BOOT 功能备份数据

使用 BOOT 功能，可以把 CNC 参数和 PMC 参数等存储于 SRAM 中的数据，通过存储卡一次性全部备份。

注意：

① 使用此功能的目的是缩短更换控制单元的作业时间。

② 由于数据以二进制的形式输出到存储卡，故不能用个人计算机修改备份数据的内容。

（1）BOOT 的系统监控页面如图 2-35 所示。

（2）BOOT 的系统监控功能见表 2-8。

SYSTEM MONITOR MAIN MENU
1. END
2. USER DATA LOADING
3. SYSTEM DATA LOADING
4. SYSTEM DATA CHECK
5. SYSTEM DATA DELETE
6. SYSTEM DATA SAVE
7. SRAM DATA UTILITY
8. MEMORY CARD FORMAT
*** MESSAGE***
SELECT MENU AND HIT SELECT KEY
[SELECT] [YES] [NO] [UP] [DOWN]

图 2-35 BOOT 的系统监控页面

表 2-8 BOOT 的系统监控功能

序号	内容	功能
1	END	结束系统监控
2	USER DATA LOADING	把存储卡中的用户文件读出来,写入 FLASH ROM 中
3	SYSTEM DATA LOADING	把存储卡中的系统文件读出来,写入 FLASH ROM 中
4	SYSTEM DATA CHECK	显示写入 FLASH ROM 中的文件
5	SYSTEM DATA DELETE	删除 FLASH ROM 中的顺序程序和用户文件
6	SYSTEM DATA SAVE	把写入 FLASH ROM 中的顺序程序和用户文件用存储卡一次性备份
7	SRAM DATA UTILITY	把存储于 SRAM 中的 CNC 参数和加工程序用存储卡备份/恢复
8	MEMORY CARD FORMAT	进行存储卡的格式化

注："SYSTEM DATA LOADING" 和 "USER DATA LOADING" 的区别在于选择文件后有无文件内容的确认过程。

（3）软键功能说明见表 2-9。

表 2-9 软键功能说明

软键	功能
<	当前页面不能显示时,返回前一页面
SELECT	选择光标位置
YES	确认执行
NO	不确认执行
UP	光标上移一行
DOWN	光标下移一行
>	当前页面不能显示时,转向下一页面

1）按【UP】和【DOWN】移动光标。

2）按【SELECT】选择处理的内容。

3）按【YES】和【NO】进行确认。

4）处理结束后按【SELECT】。

数控系统参数的备份与装载（开机前）

2. 通过存储卡备份和恢复 SRAM 中的数据

1）按住系统 CRT 右下方的两个软键接通电源，直至显示系统监控页面，如图 2-35 所示。

2）插入存储卡。按下【UP】或【DOWN】对应的软键，把光标移动到“7. SRAM DATA UTILITY”。

3）按下【SELECT】，显示“SRAM DATA UTILITY”页面，如图 2-36 所示。

SRAM DATA UTILITY

1. SRAM BACKUP (CNC → MEMORY CARD)
2. SRAM RESTORE (MEMORY CARD → CNC)
3. AUTO BKUP RESTORE (FROM → CNC)
4. END

*** MESSAGE***

SELECT MENU AND HIT SELECT KEY
[SELECT] [YES] [NO] [UP] [DOWN]

图 2-36 “SRAM DATA UTILITY”页面

4）按【UP】或【DOWN】，把光标移动到“1. SRAM BACKUP（CNC→MEMORY CARD）”。向 SRAM 恢复数据，把光标移动到“2. SRAM RESTORE（MEMORY CARD→CNC）”；自动备份数据的恢复，把光标移动到“3. AUTO BKUP RESTORE（FROM→CNC）”。

5）按下【SELECT】确认，显示图 2-37 所示提示。

6）按下【YES】，执行数据备份，显示图 2-38 所示提示，表示备份成功。

SRAM DATA UTILITY
1. SRAM BACKUP (CNC → MEMORY CARD)
2. SRAM RESTORE (MEMORY CARD → CNC)
3. AUTO BKUP RESTORE (FROM → CNC)
4. END
SRAM + ATA PROG FILE : (1.6MB)

*** MESSAGE***

SET MEMORY CARD NO.001
ARE YOU SURE? HIT YES OR NO.
[SELECT] [YES] [NO] [UP] [DOWN]

图 2-37 提示页面

SRAM DATA UTILITY
1. SRAM BACKUP (CNC → MEMORY CARD)
2. SRAM RESTORE (MEMORY CARD → CNC)
3. AUTO BKUP RESTORE (FROM → CNC)
4. END
SRAM + ATA PROG FILE : (1.6MB)

SRAM_BAK.000

*** MESSAGE***

SRAM BACKUP COMPLETE.HIT SELECT KEY.
[SELECT] [YES] [NO] [UP] [DOWN]

图 2-38 备份成功提示

7）按下【SELECT】确认，再按【UP】或【DOWN】，把光标移动到【END】，按【SELECT】确认，再按【YES】，退出 BOOT 初始页面，完成数据备份，此时数控系统开始正常启动。

（三）数据的自动备份

1. 自动备份的方法

自动备份的方法见表 2-10。

表 2-10 自动备份的方法

备份时间	方法	参数
电源开启时	自动	参数 10340#0，参数 10341
	初始数据	参数 10340#1，10340#6
急停时	手动操作	参数 10340#7

2. 备份原始数据

可以将出厂时或机床调整后的状态作为原始数据进行保存。

（1）参数设定 按照表 2-11 设定备份参数。

表 2-11 原始数据备份参数列表

序号	参数	设定值	功能
1	参数 10342	3	保存备份数据的个数为 3 个（AT1/AT2/AT3）
2	参数 10340#6	1	下次开启电源时将数据写入备份数据区域 1
3	参数 10340#1	0	备份数据区域 1 可以覆盖写入

（2）切断电源并重启 参数设定后，再次开启电源时，数据写入备份数据区域 1。然后将参数 10340#1 设为 1，禁止备份数据区域 1 覆盖写入，该区域设为原始数据备用。

3. 开启电源时自动备份

如果需要开机自动备份，按照表 2-12 设定备份参数。

表 2-12 开机自动备份参数列表

序号	参数	设定值	功能
1	参数 10341	10	每隔 10 天执行一次开机备份
2	参数 10340#0	1	使用开启电源时自动备份功能

参数设定完毕之后，系统按照所设定的周期进行备份。

4. 手动备份

在急停状态下执行以下操作，可以不切断电源进行数据备份的手动操作。

1）参数可写入有效，并进入急停状态。

2）将 10340#7 设为 1，即开始数据备份。

5. 备份数据的恢复

（1）通过自动备份功能保存在 FLASH ROM 内的数据 可以使用 BOOT 系统恢复。

1）启动 BOOT 系统。

2）选择菜单的“7. SRAM DATA UTILITY”，显示图 2-39 所示菜单。

3）选择“3. AUTO BKUP RESTORE（FROM→CNC）”，显示 FLASH ROM 内备份的文件，如图 2-40 所示。

```
SRAM DATA UTILITY

1. SRAM BACKUP ( CNC → MEMORY CARD)
2. SRAM RESTORE (MEMORY CARD → CNC)
3. AUTO BKUP RESTORE (FROM → CNC)
4. END
```

图 2-39 “SRAM DATA UTILITY”菜单

```
SRAM DATA RESTORE
1. BACKUP DATA3 yyy-mm-dd **: **: **
2. BACKUP DATA3 yyy-mm-dd **: **: **
3. BACKUP DATA3 yyy-mm-dd **: **: **
4. END
```

图 2-40 FLASH ROM 内备份的文件

4）选择想要恢复的数据并按下【SELECT】，再按下【YES】确认，开始进行数据恢复。

（2）通过 CF 卡对数控系统进行数据的恢复

1）先将 CF 卡插入数据输入/输出口内，按【SYSTEM】键，按【参数】软键，键入 20，按【号搜索】软键，找到 20 号参数，将 20 号参数设定为 4。（设置 I/O 数据输入/输出通道为存储卡。）

2）按下控制面板上的【EDIT】键，表示选择编辑方式，按下数控系统上的【SYSTEM】键，再按【参数】→【操作】→【+】→【F 输入】→【执行】，此时可以看到屏幕的右下角有“输入”字样闪烁，直到输入完成，重新启动数控系统。

3）按下数控系统上的【SYSTEM】键，再选择【参数】软键，按【+】软键 3 次，再按【PMCMNT】→【I/O】，显示“PMC 数据输入/出”页面，进行如下设置：

装置：存储卡；

功能：读取；

数据类型：顺序程序

文件名：WXSK-0ITD。

4）当文件名输入完毕后，按【INPUT】键，再按【执行】软键，程序开始从存储卡传输到数控系统闪存区中，同时可以看到传输的进度，直到在左下角出现“正常结束”，传输完成。

5）程序传输完成后，按向上移动的方向键，在“PMC 数据输入/出”页面内进行如下设置：

装置：FLASH ROM；

功能：写。

其他保持默认设置，设置完成后，按【操作】软键，然后按【执行】软键，把程序存储到数控系统内部存储器中，以防断电丢失。

（四）PMC 程序的数据通信

网口通信方法的设定操作过程如下：

1. FANUC LADDER-Ⅲ软件通信参数设定

1）开启计算机，双击计算机桌面上的 FANUC LADDER-Ⅲ软件图标。

2）打开 FANUC LADDER-Ⅲ软件后，选择菜单命令【TOOL】→【Communication】。

3）弹出“Communication”对话框，单击【Network Address】→【Add Host】，输入 IP 地址“192.168.1.1”。单击【Setting】后，将左边的 192.168.1.1 字样添加到右侧“Use device”一栏处。然后单击右下角的【Setting】，进入通信协议设定对话框“Communication parameter”，设置“Baud-rate=9600，Parity=NONE，Stop-bit=2”，设置完毕后单击【OK】按钮，退出“Communication parameter”对话框，单击【Cancel】退出页面。

2. CNC侧通信协议设定

1）按MDI键盘上的【SYSTEM】功能键，进入参数页面，将操作面板上的“方式选择”切换到MDI方式。

2）按屏幕下方的【+】键数次，直到显示PMC软键菜单页面。

3）按【PMCCNF】软键，再按【+】，直到显示“SYS参数”菜单。

4）再按【+】，显示【在线】，单击【在线】。

具体设置为：RS232-C：未使用；波特率：9600；奇偶性：无；停止位数：1；高速接口：使用；其余均采用默认设置。

5）按MDI键盘上的【SYSTEM】功能键，进入参数界面，再按【+】，显示【内嵌】，按【内嵌】，在IP地址一栏输入“192.168.1.1”，子网掩码输入“255.255.255.0”。按【<】，显示【FOCAS2】，按【FOCAS2】，在口编号（TCP）一栏输入“8193”，时间间隔一栏输入“30”，设备有效需显示内置板，然后按【再启动】，再按【执行】。

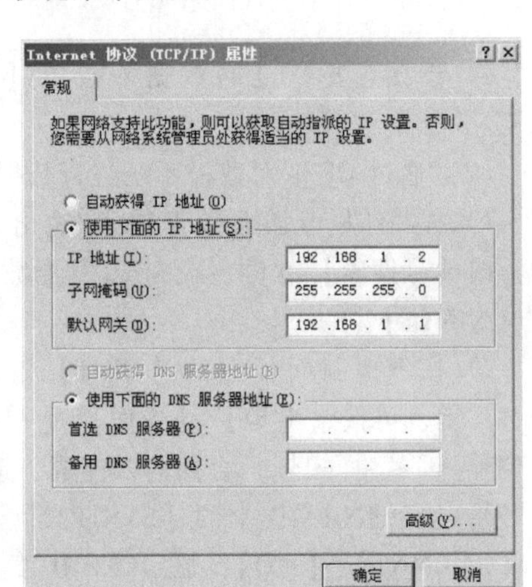

图2-41 计算机IP地址设定

6）计算机一侧IP设定，可按图2-41所示设置。

3. FANUC LADDER-Ⅲ与CNC通信及PMC下载

1）根据前述步骤1和2将PC侧与CNC侧的通信参数设置完成，必须保证PC侧与CNC侧的参数匹配正确。

2）重新打开FANUC LADDER-Ⅲ PMC编程软件，选择【TOOL】菜单下的【Communication】菜单命令，显示“Communication”对话框，单击【Connected】选项进行连接，连接成功后，整个梯形图就处于完全在线监控的状态。

3）选择【TOOL】菜单下的【Load from pmc】命令，显示“Program transfer wixard”对话框，将“ladder”左边的矩形框勾选上，表示可以进行PMC的下载。

4）单击【Next】，进行PMC程序的下载。

5）PMC传输完成后，单击【Finish】，即完成PMC下载。

4. FANUC LADDER-Ⅲ与CNC通信及PMC上载

1）根据前述步骤1和2将PC侧与CNC侧的通信参数设置完成，必须保证PC侧与CNC侧的参数匹配正确。

2）打开FANUC LADDER-Ⅲ PMC编程软件，选择【TOOL】菜单下的【Communication】命令，显示“Communication”对话框，单击【Connected】进行连接，当连接成功后，整个梯形图就处于完全在线监控的状态。

3）选择【TOOL】菜单下的【Store to pmc】命令，进行PMC的上载。

4）选择【Store to pmc】命令后，显示“Program transfer wixard”对话框，将“ladder”左边的矩形框勾选上，表示可以进行 PMC 的上载操作。

5）单击【Next】，进行 PMC 程序上载。

6）当 PMC 程序传输完成后，单击【Finish】，即完成 PMC 上载。

习　　题

1. 试述 CNC 系统的工作过程。
2. 简述单微处理器的硬件结构与特点。
3. 简述多微处理器的结构与特点。
4. 简述开放式数控系统的典型结构。
5. 简述 CNC 装置的软件结构与特点。
6. 何谓插补？常用的插补方法有哪些？
7. 试用逐点比较法对直线 OA［起点 O（0，0）、终点 A（3，7）］进行插补计算，并画出刀具插补轨迹。
8. 试用逐点比较法对圆弧 AB［起点 A（4，6）、终点 B（6，4）］进行插补计算，并画出刀具插补轨迹。
9. 如何选择数据采样插补法的插补周期？
10. 简述 FANUC 0i-TD 系统参数备份的主要方法。

项目三

进给驱动系统

项目描述

进给伺服系统的精度决定了机床的切削精度。通过本项目的学习，将了解步进驱动、交直流伺服驱动知识，掌握交直流伺服电动机的工作原理。

学习目标：

- 伺服系统的概念及分类；
- 步进电动机的工作原理、主要特性及其驱动控制；
- 交流电动机伺服系统的工作原理及其调速方法；
- 直流伺服电动机的工作原理及调速特性。

项目重点：

- 伺服电动机的工作原理；
- 步进电动机的驱动控制；
- 交流伺服系统的工作原理及调速。

伺服系统的介绍

项目难点：

- 步进电动机环形脉冲分配器的控制；
- 交流伺服电动机、伺服放大器的选型。

任务一　进给驱动系统的认知

伺服系统是以机床运动部件（如工作台）的位置和速度作为控制量的自动控制系统。它能准确地执行 CNC 装置发出的位置和速度指令信号，由伺服驱动电路进行一定的转换和放大后，经伺服电动机（步进电动机、交流或直流伺服电动机等）和机械传动机构，驱动机床工作台等运动部件实现工作进给、快速运动以及位置控制。数控机床的进给伺服系统与普通机床的进给系统有本质上的区别，它能够根据指令信号精确地控制执行部件的位置和进给速度，以及执行部件按一定规律运动所合成的轨迹，加工出所需的工件尺寸和轮廓。如果将数控装置比作数控机床的“大脑”，是发布“命令”的指挥机构，那么伺服系统就是数控机床的“四肢”，是执行“命令”的机构。伺服系统作为数控机床的重要组成部分，其性能是影响数控机床加工质量、可靠性和生产效率等方面的重要因素。

一、伺服系统的组成与分类

机床的伺服系统按其功能可分为主轴伺服系统和进给伺服系统。主轴伺服系统用于控制机床主轴运动，提供机床切削动力。进给伺服系统通常由伺服驱动电路、伺服电动机和进给机械传动机构等组成。进给机械传动机构由减速齿轮、滚珠丝杠副、导轨和工作台等组成。

进给伺服系统按有无位置检测和反馈以及检测装置安装位置的不同，可分为开环伺服系统、半闭环伺服系统和闭环伺服系统。

1. 开环伺服系统

开环伺服系统只能采用步进电动机作为驱动元件，它没有任何位置反馈和速度反馈回路，因此设备投资少，调试维修方便，但其精度较低，高速转矩小，广泛用于中、低档数控机床及普通机床的数控化改造。开环伺服系统由驱动电路、步进电动机和进给机械传动机构组成，如图 3-1 所示。

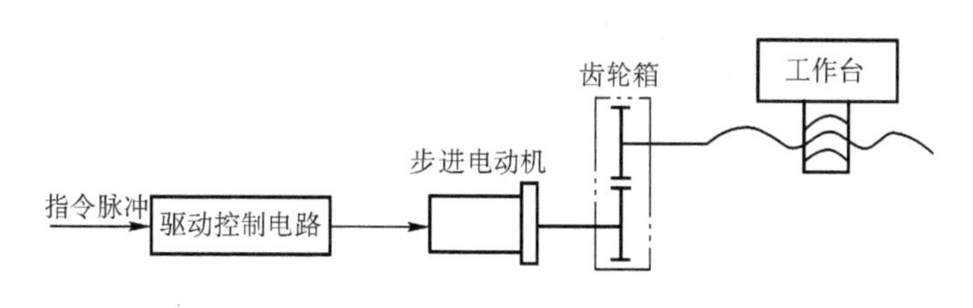

图 3-1 开环伺服系统

开环伺服系统将数字脉冲转换成角位移，靠驱动装置本身定位。步进电动机转过的角度与指令脉冲个数成正比，转速与脉冲频率成正比，转向取决于电动机绕组通电顺序。

2. 半闭环伺服系统

半闭环伺服系统一般将角位移检测装置安装在电动机轴或滚珠丝杠末端，用以精确控制电动机或丝杠的角度，然后转换成工作台的位移，如图 3-2 所示。它可以将部分传动链的误差检测出来并得到补偿，因而其精度比开环伺服系统高。目前，在精度要求适中的中小型数控机床上使用半闭环伺服系统较多。

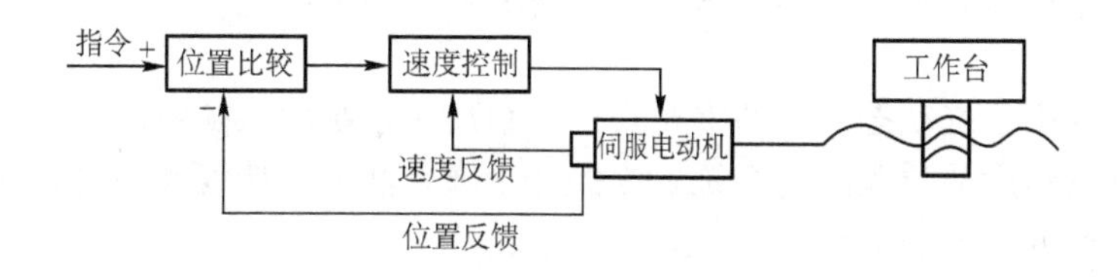

图 3-2 半闭环伺服系统

3. 闭环伺服系统

闭环伺服系统将直线位移检测装置安装在机床的工作台上，将检测装置测出的实际位移量或者实际所处的位置反馈给 CNC 装置，并与指令值进行比较，求得差值，实现位置控制，如图 3-3 所示。闭环（半闭环）伺服系统均为双闭环系统，内环为速度环，外环为位置环。速度环由速度控制单元、速度检测装置等构成。速度控制单元是一个独立的单元部件，用来控制电动机的转速。速度检测装置由测速发电机、脉冲编码器等组成。位置环由 CNC 装置中的位置控制模块、速度控制单元、位置检测及反馈控制等部分组成。由速度检测装置提供速度反馈值的速度环控制在进给驱动装置内完成，而装在电动机轴上（丝杠末端）或机床工作台上的位置反馈装置构成的位置环由数控装置完成。从外部看，伺服系统是一个以位置指令为输入和位置控制为输出的位置闭环控制系统。从内部的实际工作来看，它是先将位置控制指令转换成相应的速度信号后，通过调速系统驱动电动机才实现位置控制的。

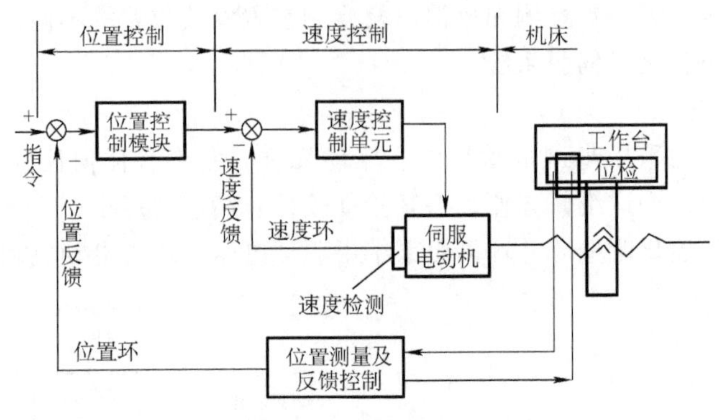

图 3-3 闭环伺服系统

二、进给伺服驱动系统的基本要求

根据机械切削加工的特点，数控机床对进给驱动有如下要求。

1. 位移精度高

伺服系统的精度是指输出量能复现输入量的精确程度。伺服系统的位移精度是指 CNC 装置发出的指令脉冲要求机床工作台进给的理论位移量和该指令脉冲经伺服系统转化为机床工作台实际位移量之间的符合程度，一般为 0.001~0.01mm。两者误差越小，位移精度越高。

2. 调速范围宽

调速范围是指数控机床要求电动机所能提供的最高转速（n_{max}）与最低转速（n_{min}）之比。一般要求调速范围（$n_{max}:n_{min}$）为 24000∶1。低速时应保证运行平稳，无爬行。在数控机床中，由于所用刀具、加工材料及零件加工要求的差异，为保证数控机床在任何情况下都能得到最佳切削速度，要求伺服系统具有足够宽的调速范围。

3. 响应速度快

响应速度是伺服系统动态品质的重要指标，它反映系统的跟随精度。机床进给伺服系统实际上就是一种高精度的位置随动系统。为保证轮廓切削形状精度和小的表面粗糙度值，伺服系统应具有良好的快速响应性。

4. 稳定性好

稳定性是指系统在给定外界干扰的作用下，能在短暂的调节过程后，达到新的或恢复原来平衡状态的能力。稳定性直接影响数控加工精度和表面粗糙度，因此要求伺服系统应具有较强的抗干扰能力，保证进给速度均匀、平稳。

5. 低速大转矩

数控机床加工的特点是在低速时进行重切削，因此伺服系统在低速时要求有大的输出转矩，以保证低速切削正常进行。

任务二 步进电动机的连接与调试

步进电动机是一种将电脉冲信号转换为机械角位移的机电执行元件。它和普通电动机一样，由转子、定子和定子绕组组成。当给步进电动机定子绕组输入一个电脉冲时，转子就会转过一个相应的角度，转子的转角与输入的电脉冲个数成正比；转速与电脉冲频率成正比；转动方向取决于步进电动机定子绕组的通电顺序。由于步进电动机伺服系统是典型的开环控制系统，没有任何反馈检测环节，因此其精度主要由步进电动机来决定，并具有控制简单、运行可靠、无累积误差等优点，已获得广泛应用。

一、步进电动机的工作原理和主要特性

1. 步进电动机的工作原理

图 3-4 所示为三相反应式步进电动机的结构，其由转子、定子及定子绕组所组成。定子上有六个均布的磁极，直径方向相对的两个磁极上的线圈串联，构成电动机的一相控制绕组。

图 3-5 所示为三相反应式步进电动机的工作原理。定子上有 A、B、C 三对磁极，转子上有四个齿，转子上无绕组，由带齿的铁心做成。如果先将电脉冲加到 A 相励磁绕组，B、C 相不加电脉冲，A 相磁极便产生磁场，在磁场力矩作用下，转子 1、3 两齿与定子 A 相磁极对齐；如果将电脉冲加到 B 相励磁绕组，A、C 相不加电脉冲，B 相磁极便产生磁场，这时转子 2、4 两齿与定子 B 相磁极靠得最近，转子便沿逆时针方向转过 30°，使转子 2、4 两齿与定子 B 相对齐；如果将电脉冲加到 C 相励磁绕组，A、B 相不加电脉冲，C 相磁极便产生磁场，这时转子 1、3 两齿与定子 C 相磁极靠得最近，转子再沿逆时针方向转过 30°，使转子 1、3 两齿与定子 C 相对齐。如果按照 A→B→C→A→……的顺序通电，步进电动机就按逆时针方向转动；如果按照 A→C→B→A→……的顺序通电，步进电动机就按顺时针方向转动，且每步转 30°。如果控制电路连续地按一定方向切换定子绕组各相的通电顺序，转子便按一定方向不停地转动。

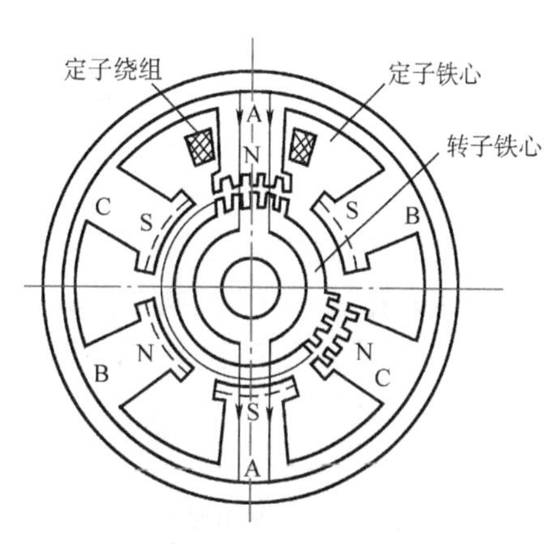

图 3-4　三相反应式步进电动机的结构

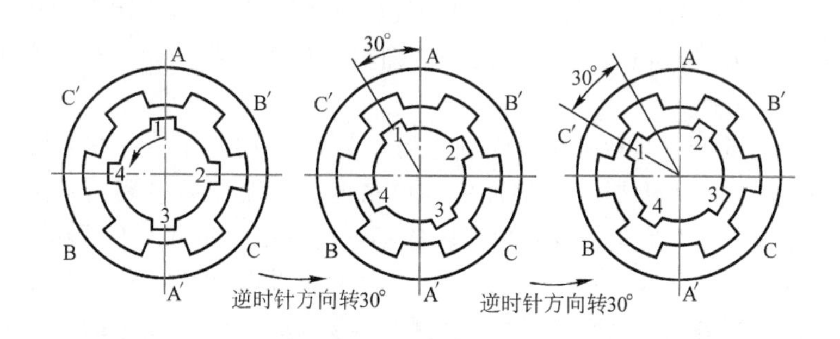

图 3-5　三相反应式步进电动机的工作原理

步进电动机定子绕组从一种通电状态换接到另一种通电状态称为一拍，每拍转子转过的角度称为步距角。上述通电方式称为三相单三拍，即三相励磁绕组依次单独通电运行，换相

三次完成一个通电循环。由于每种状态只有一相绕组通电，转子容易在平衡位置附近产生振荡，并且在绕组通电切换瞬间，电动机失去自锁转矩，易产生失步。通常采用三相双三拍控制方式，即按照 AB→BC→CA→AB→……或 AC→CB→BA→AC→……的顺序通电，定位精度增高且不易失步。如果步进电动机按照 A→AB→B→BC→C→CA→A→……或 A→AC→C→CB→B→BA→A→……的顺序通电，根据其原理分析可知，其步距角比三相三拍工作方式减小一半，这种方式称为三相六拍工作方式。综上所述，步距角按式（3-1）计算

$$\theta_S = \frac{360°}{mzk} \tag{3-1}$$

式中 θ_S——步距角（°）；

m——电动机相数；

z——转子齿数；

k——通电方式系数，k=拍数/相数。

由式（3-1）可知，电动机相数的多少受结构限制，减小步距角的主要方法是增加转子齿数 z。如图 3-5 所示，电动机相邻两个极与极之间的夹角为 60°，图中的转子只有 4 个齿，因此齿与齿之间的夹角为 90°。经上述分析可知，当电动机以三相三拍方式工作时，步距角为 30°；以三相六拍方式工作时，步距角为 15°。在一个循环过程中，即通电从 A→……→A，转子正好转过一个齿间夹角。如果将转子齿变为 40 个，转子齿间夹角为 9°。那么当电动机以三相三拍方式工作时，步距角则为 3°；以三相六拍方式工作时，步距角则为 1.5°。通过改变定子绕组的通电顺序，可改变电动机的旋转方向，实现机床运动部件进给方向的改变。

步进电动机转子角位移的大小取决于来自 CNC 装置发出的电脉冲个数，其转速 n 取决于电脉冲频率 f，即

$$n = \frac{\theta_S \times 60f}{360°} = \frac{60f}{mzk} \tag{3-2}$$

式中 n——电动机转速（r/min）；

f——电脉冲频率（Hz）。

2. 步进电动机的主要特性

（1）步距角 θ_S 和步距误差 $\Delta\theta_S$　步进电动机的步距角 θ_S 是定子绕组的通电状态每改变一次（如 A→B 或 A→AB），其转子转过的一个确定的角度。步距角越小，机床运动部件的位置精度越高。

步距误差 $\Delta\theta_S$ 是指步进电动机运行时理论的步距角 θ_S 与转子每一步实际的步距角 θ_S' 之差，即 $\Delta\theta_S = \theta_S - \theta_S'$。它直接影响执行部件的定位精度。步距误差主要由步进电动机齿距制造误差、定子和转子气隙不均匀、各相电磁转矩不均匀等因素造成。步进电动机连续走若干步时，步距误差的累积值称为步距的累积误差。由于步进电动机每转一转又恢复到原来位置，所以误差不会无限累积。伺服步进电动机的步距误差 $\Delta\theta_S$ 一般为 $\pm10' \sim \pm15'$，功率步进电动机的步距误差 $\Delta\theta_S$ 一般为 $\pm20' \sim \pm25'$。

（2）静态转矩和矩角特性　当步进电动机定子绕组处于某种通电状态时，如果在电动机轴上外加一个负载转矩，使转子按一定方向转过一个角度 θ，此时转子所受的电磁转矩 M 称为静态转矩，角度 θ 称为失调角。当外加转矩撤销时，转子在电磁转矩作用下回到稳定平

衡点位置（$\theta=0$）。用来描述静态转矩 M 与 θ 之间关系的曲线称为矩角特性。如图 3-6 所示，该矩角特性曲线上的静态转矩最大值称为最大静态转矩 M_{jmax}。

（3）最大起动转矩 M_q　图 3-7 所示为三相单三拍矩角特性曲线，图中的 A、B 分别是相邻 A 相和 B 相的静态特性曲线，它们的交点所对应的转矩 M_q 是步进电动机的最大起动转矩。如果外加负载转矩大于 M_q，电动机就不能起动。如图 3-7 所示，当 A 相通电时，若外加负载转矩 $M_a>M_q$，对应的失调角为 θ_a，当励磁电流由 A 相切换到 B 相时，对应角 θ_a，B 相的静态转矩为 M_b。从图中可以看出，$M_b<M_a$，电动机不能带动负载做步进运动，因而起动转矩是电动机能带动负载转动的极限转矩。

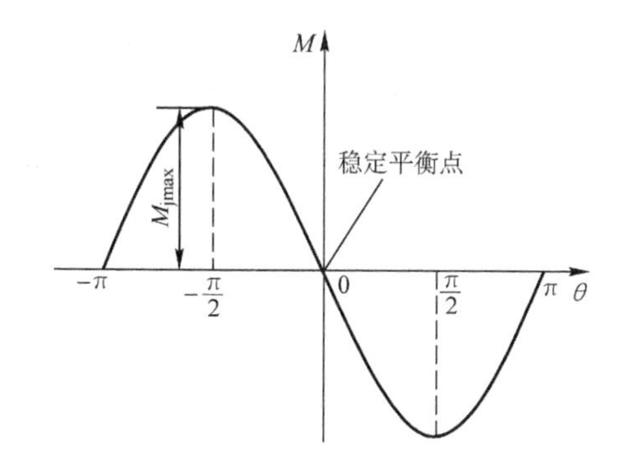

图 3-6　步进电动机的静态矩角特性

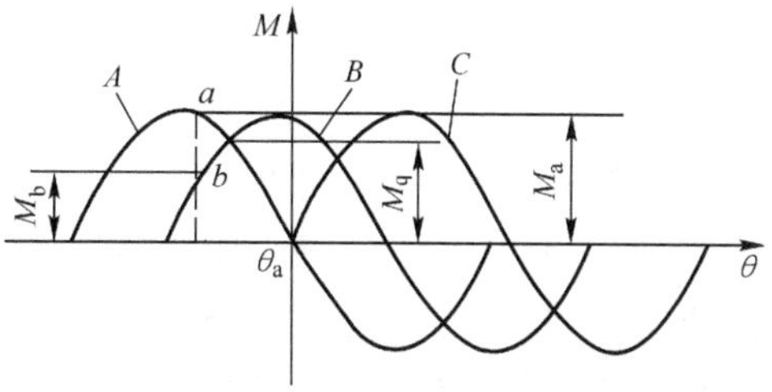

图 3-7　步进电动机的起动转矩

（4）最高起动频率 f_q　空载时，步进电动机由静止突然起动，并不失步地进入稳速运行，所允许的起动频率的最大值称为最高起动频率 f_q。步进电动机在起动时，既要克服负载转矩，又要克服惯性转矩（电动机和负载的总惯量），所以起动频率不能过高。如果加给步进电动机的指令脉冲频率大于最高起动频率，步进电动机就不能正常工作，会造成失步。而且，随着负载加大，起动频率会进一步降低。

（5）连续运行的最高工作频率 f_{max}　步进电动机连续运行时且在不失步的情况下所能接受的最大频率称为最高工作频率 f_{max}。最高工作频率远大于起动频率，它表明步进电动机所能达到的最大速度。

（6）矩频特性　步进电动机在连续运行时，用来描述输出转矩和运行频率之间关系的特性称为矩频特性，如图 3-8 所示。当输入脉冲的频率大于临界值时，步进电动机的输出转矩加速下降，带负载能力迅速降低。

（7）步进电动机的选用　在选用步进电动机时，首先应保证步进电动机的输出转矩大于负载所需的转矩，即先计算机械系统的负载转矩，并使所选电动机的输出转矩有一定余量，以保证可靠运行。其次，应使步进电动机的步距角 θ_S 与机械系统相匹配，以得到机床所需的脉冲当量。最后，应使被选电动机能与机械系统的负载惯量及机床要求的起动频率相匹配，并有一定余量，并且还应使其最高工作频率能满足机床运动部件快速移动的要求。

步进电动机技术参数见表 3-1。

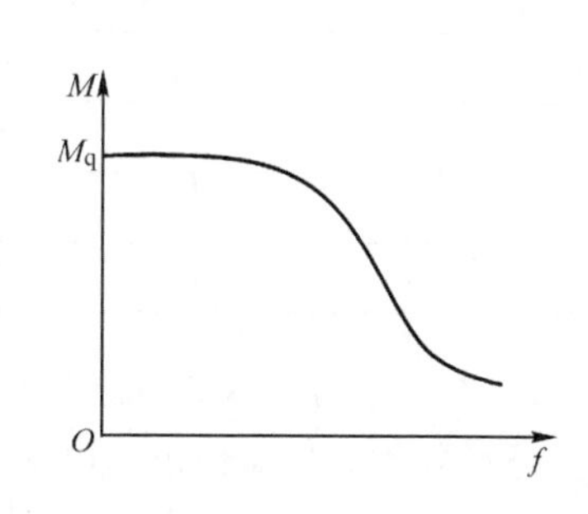

图 3-8　步进电动机的矩频特性

表 3-1 步进电动机技术参数

型号	相数	电压/V	电流/A	步距角/(°)	步距角误差/(′)	最大静态转矩/(N·m)	最高起动频率/(脉冲/s)	最高工作频率/(脉冲/s)
70BF5-4.5	5	60/12	3.5	4.5/2.25	8	0.245	1500	16000
90BF 3	3	60/12	5.0	3/1.5	14	1.47	1000	8000
90BF 4	4	60/12	2.5	0.36	9	1.96	1000	8000
110BF 3	3	80/12	6	1.5/0.75	18	9.8	1500	6000
130BF 5	5	110/12	10	1.5/0.75	18	12.74	2000	8000
160BF 5B	5	80/12	13	1.5/0.75	18	19.6	1800	8000
160BF 5C	5	80/12	13	1.5/0.75	18	15.68	1800	8000

二、步进电动机的驱动控制

由步进电动机的工作原理可知，为了保证其正常运行，必须由步进电动机的驱动电路将CNC装置送来的弱电信号通过转换和放大变为强电信号，即将逻辑电平信号变换成电动机绕组所需的具有一定功率的电脉冲信号，并使其定子励磁绕组顺序通电。步进电动机驱动控制由环形脉冲分配器和功率放大器来实现。

1. 环形脉冲分配器

环形脉冲分配器用于控制步进电动机的通电方式，其作用是将CNC装置送来的一系列指令脉冲按照一定的循环规律依次分配给电动机的各相绕组，控制各相绕组的通电和断电。环形脉冲分配可采用硬件和软件两种方法实现。硬件按其电路结构不同，可分为TTL集成电路和CMOS集成电路。市场上提供的国产TTL脉冲分配器有三相（YB013）、四相（YB014）、五相（YB015）等类型；CMOS集成脉冲分配器也有不同型号，如CH250型用来驱动三相步进电动机。目前，脉冲分配大多采用软件方法实现。当采用三相六拍方式时，电动机正转的通电顺序为A→AB→B→BC→C→CA→A；电动机反转的通电顺序为A→AC→C→CB→B→BA→A。它们的环形分配见表3-2（设某相为高电平时通电）。

表 3-2 步进电动机三相六拍环形分配表

控制节拍	C B A	控制输出内容	方向
1	0 0 1	01H	反转↑
2	0 1 1	03H	
3	0 1 0	02H	
4	1 1 0	06H	
5	1 0 0	04H	
6	1 0 1	05H	↓正转

2. 步进电动机驱动电源（功率放大器）

环形脉冲分配器输出的电流一般只有几毫安，而步进电动机的励磁绕组需要几安培甚至几十安培的电流，所以必须经过功率放大。功率放大器的作用是将脉冲分配器发出的电平信号放大后送至步进电动机的各相绕组，驱动电动机运转，每一相绕组分别有一组功率放大电路。过去采用单电压驱动电源，后来常采用高低压驱动电路，现在则较多地采用恒流斩波驱动电路。

（1）单电压驱动电路　如图 3-9a 所示，L 为步进电动机励磁绕组的电感，R_a 为绕组电阻，R_c 为外接电阻，R_c 与 C 并联是为了减小回路的时间常数，以提高电动机的快速响应能力和起动性能。续流二极管 VD 和阻容吸收回路 RC 用来保护功率晶体管 VT。

单电压驱动电路的优点是线路简单，缺点是电流上升速度慢，高频时带负载能力较差。其波形如图 3-9b 所示。

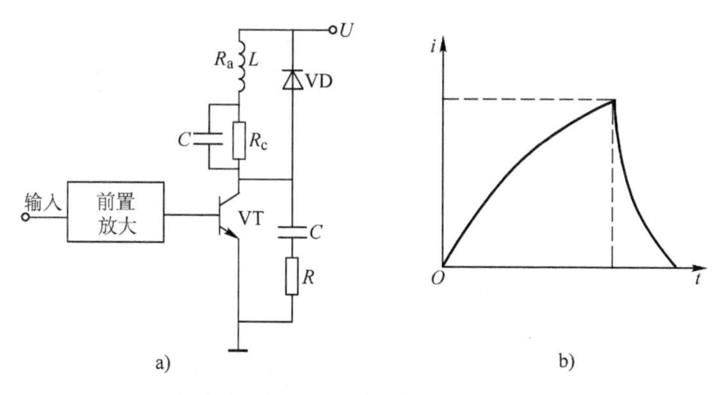

图 3-9　单电压驱动电路原理及波形图

（2）高低压驱动电路　如图 3-10a 所示，该电路由两种电压给步进电动机绕组供电。一种是高电压 U_1，一般为 80V 甚至更高；另一种是低电压 U_2，即步进电动机绕组额定电压，一般为几伏，不超过 20V。当相序输入脉冲信号 I_H、I_L 到来时，VT_1、VT_2 同时导通，励磁绕组 L 上加高电压 U_1，以提高绕组中电流的上升速率；当电流达到规定值时，VT_1 关断、VT_2 仍然导通，绕组切换到低电压 U_2 供电，维持电动机正常运行。该电路可谓“高压建流，低压稳流”。

高低压驱动电路的优点是在较宽的频率范围内有较大的平均电流，能产生较大而且较稳定的电磁转矩；缺点是电流有波谷。其波形如图 3-10b 所示。

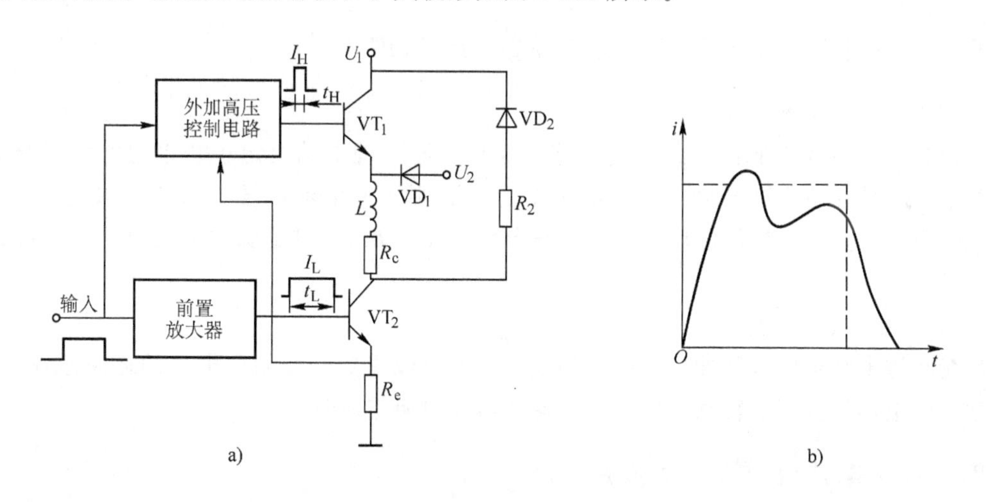

图 3-10　高低压驱动电路原理及波形图

（3）恒流斩波驱动电路 高低压驱动电路的电流在高低压切换处出现谷点，造成高频输出转矩谷点下降。为了使励磁绕组中的电流维持在额定值附近，需采用斩波驱动电路，其恒流波形如图 3-11 所示。

在图 3-12 所示的恒流斩波驱动电路中，环形分配器输出的脉冲作为输入信号，若为正脉冲，则 VT_1、VT_2 导通，因为 u_1 为高电压，励磁绕组又没串联电阻，所以通过绕组的电流迅速上升，当绕组中的电流上升到额定值以上某个数值时，由于采样电阻 R_e 的反馈作用，经整形、放大后将信号传送至 VT_1 的基极，使 VT_1 截止。此时，励磁绕组切换成由低电压 u_2 供电，绕组中的电流立即下降，当下降至额定值以下时，由于采样电阻 R_e 的反馈作用，使整形电路无信号输出，此时高压前置放大电路又使 VT_1 导通，绕组中的电流又上升。按此规律反复进行，形成一个在额定电流值附近振幅很小的绕组电流波形，近似恒流，如图 3-11 所示。因此，斩波电路也称恒流斩波驱动电路，电流波的频率可通过采样电阻 R_e 和整形电路的电位器调整。

恒流斩波驱动电路虽然较复杂，但它的优点尤为突出：

① 绕组的脉冲电流上升沿和下降沿较陡，快速响应性好。

② 电路功耗小，效率高。因为绕组电路中无外接电阻 R_c，且电路中采样电阻 R_e 很小。

③ 电路能输出恒定转矩。由于采样电阻 R_e 的反馈作用，使绕组中的电流几乎恒定，且不随步进电动机的转速而变化，从而保证在很大的频率范围内，步进电动机都能输出恒定转矩，使进给驱动装置运行平稳。

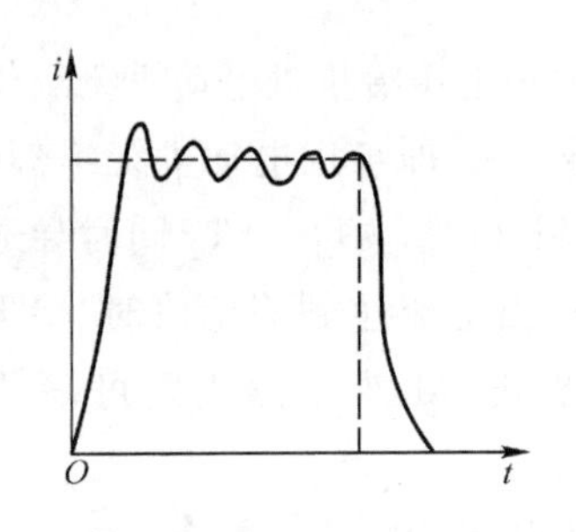

图 3-11 斩波驱动电路波形图

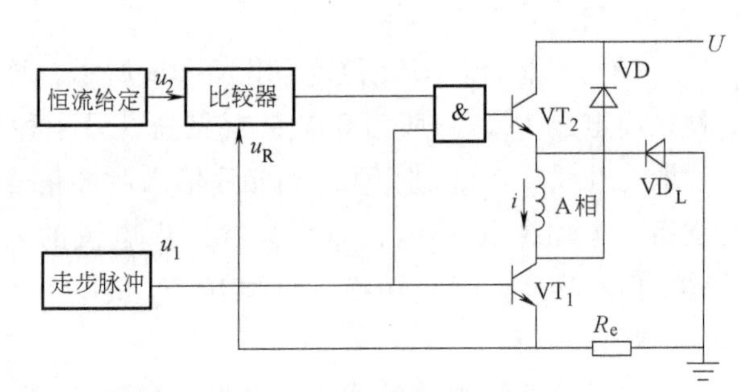

图 3-12 斩波驱动电路原理

三、开环控制步进电动机伺服系统的工作原理

1. 工作台位移量的控制

数控装置发出 N 个脉冲，经驱动电路放大后，使步进电动机定子绕组通电状态变化 N 次。如果一个脉冲使步进电动机转过的角度为 θ_S，则步进电动机转过的角位移量 $\phi=N\theta_S$，再经减速齿轮、丝杠、螺母之后转变为工作台的位移量 L，即进给脉冲数决定了工作台的直线位移量 L。

2. 工作台运动方向的控制

改变步进电动机输入脉冲信号的循环顺序，就可改变定子绕组中电流的通断循环顺序，从而使步进电动机实现正转和反转，工作台进给方向相应地改变。

四、步进电动机驱动装置应用实例介绍

为使初学者了解和掌握步进电动机在实际使用时的接线方式及控制方法，下面以

TB6600系列三相步进电动机驱动器为例进行介绍。图3-13所示为步进电动机驱动器的外形。TB6600系列驱动器是一款电流在4.0A及以下，外径为39mm、42mm、57mm的四线、六线、八线两相混合式步进电动机驱动器，适合各种小中型自动化设备和仪器，如雕刻机、打标机、切割机、激光照排机、绘图仪、数控机床等。

图3-13 TB6600系列步进电动机驱动器的外形

在实现步进电动机的控制中，需要掌握接口和接线的使用方法，其中接口信号端子排及电动机绕组端子的意义见表3-3。

TB6600系列三相步进电动机驱动器的输入信号接口有两种接法，可根据需要采用共阳极接法或共阴极接法，如图3-14、图3-15所示。其中，共阳极接法低电平有效，共阴极接法高电平有效。ENA端可不接，ENA有效时电动机转子处于自由状态（脱机状态），这时可以手动转动电动机转轴，做适合的调节。手动调节完成后，再将ENA设为无效状态，以继续自动控制。

表3-3 TB6600系列三相步进电动机驱动器端子的意义

端子	端子意义
PUL+ PUL-	脉冲输入信号，默认脉冲上升沿有效。为了可靠响应脉冲信号，脉冲宽度应大于1.2μs
DIR+ DIR-	方向输入信号，高/低电平信号。为保证电动机可靠换向，方向信号应先于脉冲信号至少5μs建立。电动机的初始运行方向与其绕组接线有关，互换任一相绕组（如A+、A-交换），可以改变电动机的初始运行方向
ENA+ ENA-	使能输入信号（脱机信号），用于使能或禁止驱动器输出。使能时，驱动器将切断电动机各相的电流，使电动机处于自由状态，不响应步进脉冲。当不需用此功能时，使能信号端悬空即可
A+,A-	电动机A相绕组
B+,B-	电动机B相绕组

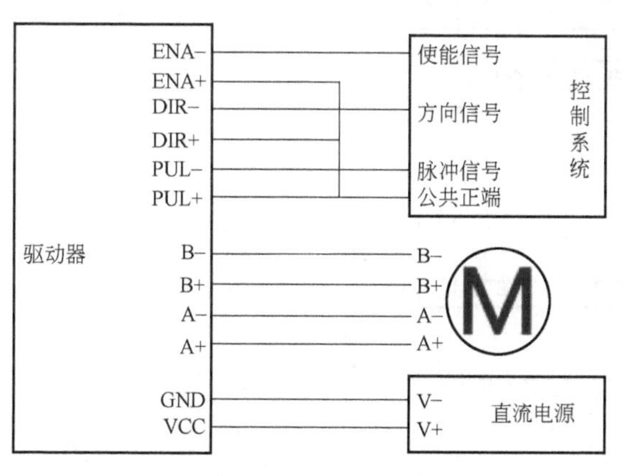

图3-14 共阳极接法

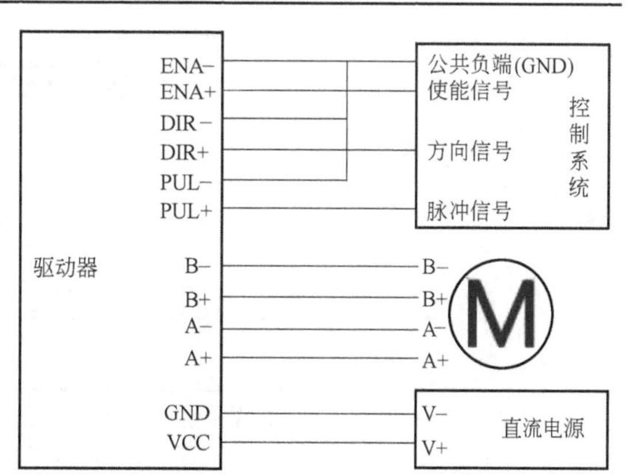

图3-15 共阴极接法

TB6600 系列三相步进电动机驱动器采用六位拨码开关设定细分精度、驱动电流，详细描述见表 3-4、表 3-5，机械安装如图 3-16 所示。其中，六位拨码开关设定如下：

SW1、SW2、SW3：细分精度设定。

SW4、SW5、SW6：驱动电流设定。

表 3-4 细分精度设定

细分	脉冲/圈	SW1	SW2	SW3
NC	NC	ON	ON	ON
1	200	ON	ON	OFF
2/A	400	ON	OFF	ON
2/B	400	OFF	ON	ON
4	800	ON	OFF	OFF
8	1600	OFF	ON	OFF
16	3200	OFF	OFF	ON
32	6400	OFF	OFF	OFF

表 3-5 驱动电流设定

电流/A	峰值/A	SW4	SW5	SW6
0.5	0.7	ON	ON	ON
1.0	1.2	ON	OFF	ON
1.5	1.7	ON	ON	OFF
2.0	2.2	ON	OFF	OFF
2.5	2.7	OFF	ON	ON
2.8	2.9	OFF	OFF	ON
3.0	3.2	OFF	ON	OFF
3.5	4.0	OFF	OFF	OFF

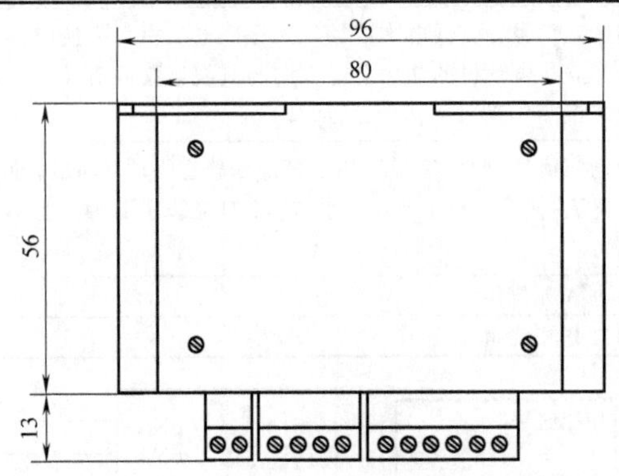

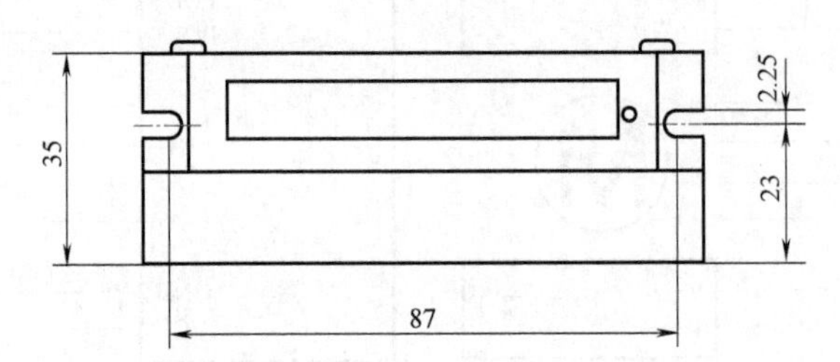

图 3-16 TB6600 系列三相步进电动机机械安装

TB6600 系列驱动器可以用来驱动 4 线、6 线、8 线的两相、四相混合式步进电动机，步距角为 1.8°和 0.9°的均可适用。选择电动机时主要依据电动机的转矩和额定电流决定。转矩大小主要由电动机尺寸决定，尺寸大的电动机转矩较大；而电流大小主要与电感有关，小电感电动机高速性能好，但电流较大。

任务三 交流电动机伺服系统的连接与调试

近年来，交流调速有了飞速的发展，交流电动机的调速驱动系统已发展为数字化，使得交流伺服系统在数控机床上得到了广泛的应用。

一、交流伺服电动机的类型

在交流伺服系统中，交流伺服电动机可分为同步型伺服电动机和异步型感应伺服电动机两大类。在进给伺服系统中，大多数采用同步型交流伺服电动机，它的转速由供电频率决定，即在电源电压和频率不变时，电动机的转速恒定不变。若由变频电源供电时，则可方便地获得与电源频率成正比的可变转速，从而获得非常硬的机械特性及宽的调速范围。近年来，由于永磁材料的性能不断提高，价格不断降低，目前在数控机床的进给伺服系统中多采用永磁式同步型交流伺服电动机。图 3-17 所示为交流伺服电动机及其驱动实形。

图 3-17 交流伺服电动机及其驱动实形

永磁式同步型交流伺服电动机的主要优点是：①可靠性高，易维护保养；②转子转动惯量小，快速响应性好；③有宽的调速范围，可高速运转；④结构紧凑，在相同功率下有较小的重量和体积；⑤散热性能好。

异步型交流伺服电动机为感应式电动机，具有转子结构简单坚固、价格便宜、过载能力强等特点。交流主轴电动机多采用异步型交流电动机，很少采用永磁式同步型电动机，主要是因为永磁式同步型电动机的容量做得不够大，且电动机成本较高。另外，主轴驱动系统不像进给系统那样要求具有很高的性能，调速范围也不要太大。因此，采用异步型电动机完全可以满足数控机床对主轴的要求。笼型异步电动机多用在主轴驱动系统中。

二、交流伺服电动机的工作原理

如图 3-18 所示，交流伺服电动机的转子是一个具有两个磁极的永磁体。当同步型电动机的定子绕组接通电源时，产生旋转磁场（N_s，S_s），以同步转速 n_s 逆时针方向旋转。根据两异性磁极相吸的原理，定子磁极 Ns（或 Ss）紧紧吸住转子，以同步速 n_s 在空间旋转，即转子和定子磁场同步旋转。

当转子的负载转矩增大时，定子磁极轴线与转子磁极轴线间的夹角 θ 增大；当负载转矩减小时，θ 减小。但只要负载不超过一定的限度，转子就始终跟着定子旋转磁场同步转动。此时转子的转速只取决于电源频率和电动机的磁极对数，而与负载大小无关。当负载转矩超过一定的限度时，电动机就会“失步”，即不再按同步转速运行，直至停转。这个最大限度的转矩称为最大同步转矩。因此，使用永磁式同步型电动机时，负载转矩不能大于最大同步转矩。

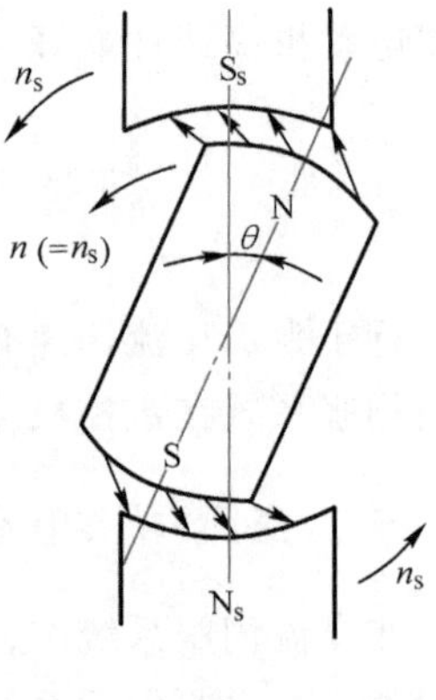

图 3-18 永磁式同步型电动机的工作原理

三、交流伺服系统的控制方法

1. 交流伺服电动机的调速方法

根据电机学理论，永磁式同步型伺服电动机的转速 n（r/min）为

$$n=\frac{60f}{P} \tag{3-3}$$

式中 f——电源频率（Hz）；

P——磁极对数。

同步型与异步型伺服电动机的调速方法不同，根据电机学理论，异步型伺服电动机的转速 n(r/min) 为

$$n=\frac{60f}{P}(1-s) \tag{3-4}$$

式中 f——电源频率（Hz）；

P——磁极对数；

s——转差率。

同步型交流伺服电动机不能用调节转差率 s 的方法来调速，也不能用改变磁极对数 P 来调速，只能用改变电源频率 f 的方法来调速，才能满足数控机床的要求，实现无级调速。

由上述分析可知，改变电源频率 f，可均匀地调节转速。但在实际调速过程中，只通过改变频率 f 是不够的，现在分析变频时电动机机械特性的变化情况。由电机学原理可知

$$E=4.44K_r fN\Phi_m \tag{3-5}$$

式中 E——感应电动势（V）；

K_r——基波绕组系数；

f——电源频率（Hz）；

N——定子每相绕组串联匝数；

Φ_m——每极气隙磁通量。

当忽略定子阻抗压降时，定子相电压 U 为

$$U\approx E=K_E f\Phi_m \tag{3-6}$$

式中 K_E——电势系数，$K_E=4.44K_r N$。

由式（3-6）可见，定子电压 U 不变时，随着 f 的增大，气隙磁通将减小。电动机转矩为

$$T=C_T\Phi_m I\cos\psi \tag{3-7}$$

式中 C_T——转矩常数；

I——折算到定子上的转子电流（A）；

$\cos\psi$——转子电路功率因数。

可以看出，Φ_m 减小会导致电动机输出转矩 T 下降，严重时可能会发生负载转矩超过电动机的最大转矩，电动机速度下降直至停转。又当电压 U 不变、减小 f 时，Φ_m 增大会造成磁路饱和，励磁电流上升，铁心过热，功率因数下降，电动机带负载能力下降。因此，在调频调速中，要求在变频的同时改变定子电压 U，维持 Φ_m 基本不变。由 U、f 不同的相互关系，可得出不同的变频调速方式和不同的机械特性。

（1）恒转矩调速　由式（3-7）可知，T 与 Φ_m、I 成正比。要保持恒转矩 T，即要求 U/f 为常数，可以近似地维持 Φ_m 恒定，此时的特性曲线如图 3-19 所示。

由图 3-19 可见，保持 U/f 为常数进行调速时，这些特性曲线的线性段基本平行，类似直流电动机的调压特性。最大转矩 T_m 随着 f 的减小而减小。因为 f 高时，E 值较大，此时定子漏阻抗压降在 U 中所占比例较小，可认为 U 近似于 E；当 f 相对较小时，E 值变小，U 也变小，此时定子漏阻抗压降在 U 中所占比例增大，E 与 U 相差很大，所以，Φ_m 减小，从而使 T_m 下降。

（2）恒功率调速　为了扩大调速范围，可以在额定频率以上进行调速。因电动机绕组是按额定电压等级设计的，超过额定电压运行将受到绝缘等级的限制，因此定子电压不可能与频率成正比地无限制提高。如果频率增大，额定电压不变，那么气隙磁通 Φ_m 将随着 f 的增大而减小。这时，相当于额定电流时的转矩也减小，特性变软。如图 3-20 所示，随着频率增大，转矩减小，而转速增大，可得到近似恒功率的调速特性。

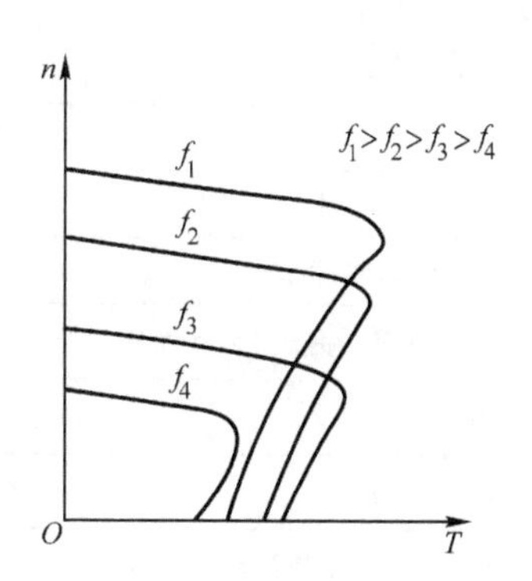

图 3-19　恒转矩调速特性曲线

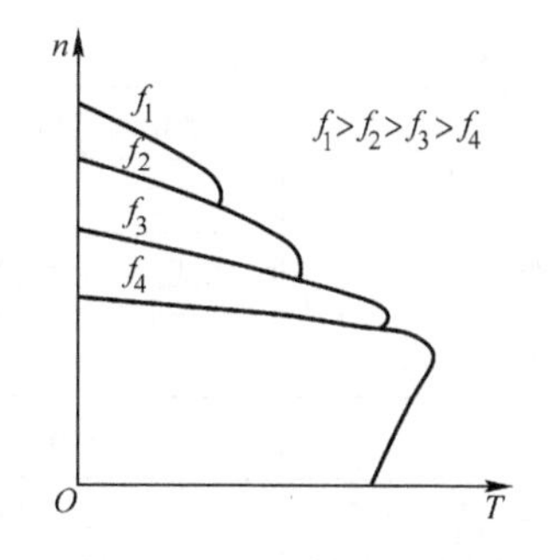

图 3-20　恒功率调速特性曲线

（3）恒最大转矩调速　在低速时，为了保持最大转矩 T_m 不变，就必须采取协调控制使 E/f 为常数。显然，这是一种理想的保持磁通恒定的控制方法，如图 3-21 所示。对应于同一转矩，转速降基本不变，即直线部分斜率不变，机械特性平行地移动。

交流伺服电动机调速种类很多，应用最多的是变频调速，为实现同步型交流伺服电动机的调速控制，主要环节是能为交流伺服电动机提供变频电源的变频器。变频器的功用是将

50Hz 的交流电变换成频率连续可调（如 0~400Hz）的交流电。因此，变频器是永磁式同步型交流伺服电动机调速的关键部件。

2. SPWM 变频控制器

SPWM 变频控制器产生正弦脉宽调制波即 SPWM 波形。它将一个正弦半波分成 N 等份，然后把每一等份的正弦曲线与横坐标轴所包围的面积都用一个与此面积相等的一系列等高矩形脉冲来代替，这样可得到 N 个等高而不等宽的脉冲序列。这就是与正弦波等效的正弦脉宽调制波，如图 3-22 所示。

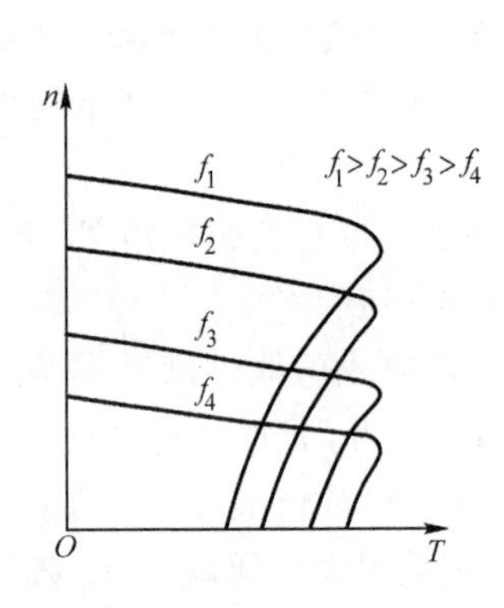

图 3-21 恒 T_m 调速特性曲线

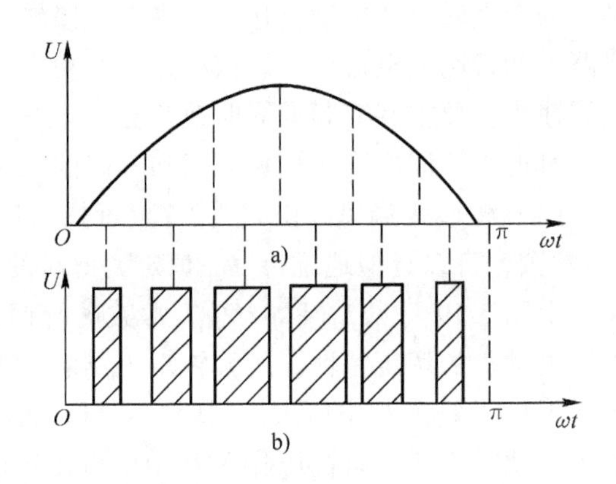

图 3-22 与正弦波等效的 SPWM 波形

四、交流伺服电动机驱动系统应用实例

下面以上海开通数控公司 KT270 系列全数字交流伺服驱动系统为例，介绍交流伺服电动机驱动装置的使用方法。为了解交流伺服电动机及其驱动装置的功能及性能指标，表 3-6 和表 3-7 分别给出了交流伺服电动机部分驱动模块及电动机的规格。

表 3-6 交流伺服电动机驱动模块的规格

驱动器型号	KT270-20	KT270-30	KT270-50	KT270-75
输入电源	单相或三相	三相		
	AC220V（-15%~+10%），50~60Hz			
控制方式	采用数字化交流正弦波控制方式及应用最优 PID 算法完成 PWM 控制			
调速比	1∶5000			
反馈信号	增量式编码器 2500P/R 带 U、V、W 位置信号（标准）			
位置输出信号	可设置输出脉冲倍率的电子齿轮输出，外加 Z 相集电极开路输出方式			
转矩限制	0~300%额定转矩			
速度控制	外部指令/4 种内部速度			
控制模式	位置控制，速度控制，试运行，JOG 运行			
监视功能	转速，当前位置，位置指令，位置偏差，电动机转矩，电动机电流，直线速度，位置指令，脉冲频率，转子绝对位置，输入/输出端子信号，运行状态等			
报警功能	过电流，短路，过载，过速，过电压，欠电压，制动异常，编码器异常，位置超差等			

表 3-7 交流伺服电动机的规格（登奇 GK 系列）

电动机型号	功率/kW	零速转矩/(N·m)	额定转速/(r/min)	额定电流/A	转子转动惯量/(kg·m²×10⁻³)	质量/kg	适配驱动器型号	过载倍数
GK6032-6AC31	0.22	1.1	2000	0.85	0.063	2.9	KT270-20	2.5
GK6040-6AC31	0.32	1.6	2000	1.5	0.187	3.7	KT270-20	2.5
GK6060-6AC31	0.6	3	2000	2.5	0.44	8.5	KT270-20	2.5
GK6061-6AC31	1.2	6	2000	5.5	0.87	10.6	KT270-20	1.8
GK6061-6AF31	1.8	6	3000	8.3			KT270-30	1.7
GK6062-6AC31	1.5	7.5	2000	6.2	1.29	12.8	KT270-30	2.3
GK6062-6AF31	2.25	7.5	3000	9.3			KT270-30	1.5
GK6063-6AC31	2.2	11	2000	9	1.7	14.5	KT270-30	1.6
GK6063-6AF31	3.3	11	3000	13.5			KT270-50	1.8
GK6080-6AC31	3.2	16	2000	16	2.67	16.5	KT270-50	1.5
GK6080-6AF31	4.8	16	3000	24			KT270-75	1.3
GK6081-6AA31	2.52	21	1200	12.2	3.57	19.5	KT270-75	2.5
GK6081-6AC31	4.2	21	2000	20			KT270-75	1.5
GK6083-6AA31	3.24	27	1200	16.2	4.46	22.5	KT270-75	1.9
GK6083-6AC31	5.4	27	2000	26.5			KT270-75	1.2
GK6085-6AA31	3.96	33	1200	19.8	5.35	25.5	KT270-75	1.6

由表 3-6 可知，交流伺服电动机本身已附装了增量式光电编码器，用于电动机速度及位置的反馈控制。目前许多数控机床均采用这种半闭环的控制方式，而无须在机床导轨上安装检测装置。若采用全闭环控制方式，则需在机床上安装光栅或其他位移检测装置。

KT270 全数字交流伺服电动机驱动器的外形如图 3-23 所示。其面板由四部分组成，即 LED 显示器与系统按键、接线端子排、CN 连接器、状态指示灯。应重点掌握这几部分的接线方法及与电动机的连接方式。表 3-8 给出外部接线端子及线径。

表 3-8 KT270 系列的接线端子及线径

外部接线端子			使用电线线径/mm²			
名称		标号	型号			
			KT270-20	KT270-30	KT270-50	KT270-75
CN1 CN2	主回路电源端子	R、S、T	1.5	2	2.5	4
	电动机接线端子	U、V、W				
	接地端子	E				
	处部再生放电电阻端子	C、P、B	2			2.5
			（长度在 1m 以内）			
	控制电源端子	L11、L21	0.5 以上			
CN3	位置脉冲输入信号	3、4、8、9	4 芯双绞屏蔽线 0.3 以上			
CN4	控制输入输出信号	1～14	屏蔽线 0.2 以上（长度在 10m 以内）			

（续）

外部接线端子			使用电线线径/mm^2
CN5	编码器信号输入	1~14	双绞屏蔽线 0.2 以上（长度在 30m 以内）
CN6	编码器信号输出	2~4、7~9	双绞屏蔽线 0.2 以上（长度在 5m 以内）
	Z 信号集电极开路输出	1、6	
	辅助伺服开启信号输入	14、15	
	速度模拟指令信号	12、13	2 芯双绞屏蔽线 0.3 以上（长度在 5m 以内）

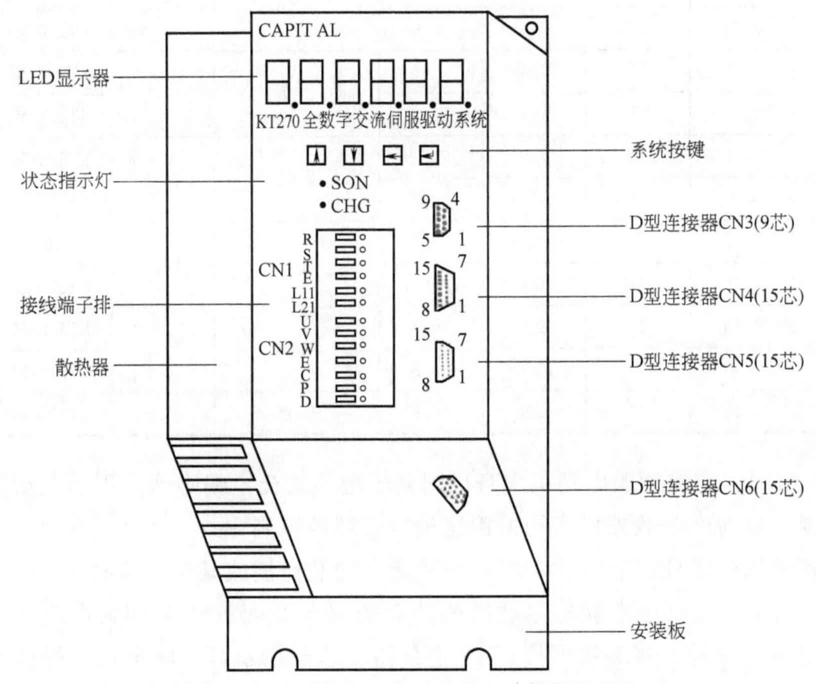

图 3-23　KT270 全数字交流伺服电动机驱动器外形

表 3-8 中，外部再生放电电阻的作用是通过泄放能量来达到限制电压的目的。KT270-20、KT270-30 伺服驱动器需外接再生放电电阻。KT270-50、KT270-75 伺服驱动器必须采用外部再生放电电阻（38Ω/220V）。机械负载惯量折算到电动机轴端为电动机惯量的 4 倍以下时，一般都能正常运行。当惯量太大时或降速时间过小时，在电动机减速或制动过程中将出现主电路过电压报警。

图 3-24 所示为 KT270-20、KT270-30 伺服驱动器的标准接线，各端子的含义见表 3-9～表 3-13。

表 3-9　CN1、CN2 各端子的含义

端子	KT270-20、KT270-30	KT270-50、KT270-70	含义	
R	CN1-1	CN1-3	三相 220V 交流输入端	输入
S	CN1-2	CN1-4	三相 220V 交流输入端	输入
T	CN1-3	CN1-5	三相 220V 交流输入端	输入

（续）

端子	KT270-20、KT270-30	KT270-50、KT270-70	含义	
E	CN1-4	CN1-8	接地	接地
U	CN1-5	CN2-1	三相交流输出端，接电动机	输出
V	CN1-6	CN2-2	三相交流输出端，接电动机	输出
W	CN1-7	CN2-3	三相交流输出端，接电动机	输出
E	CN1-8	CN2-4	接地，接电动机	接地
L11	CN2-1	CN1-1	单相 220V 交流输入端	输入
L21	CN2-2	CN1-2	单相 220V 交流输入端	输入
D	CN2-3		已接内部再生放电电阻	
C	CN2-4		接外部再生放电电阻	
P	CN2-5	CN1-6	接外部再生放电电阻	
B		CN1-7	接外部再生放电电阻	

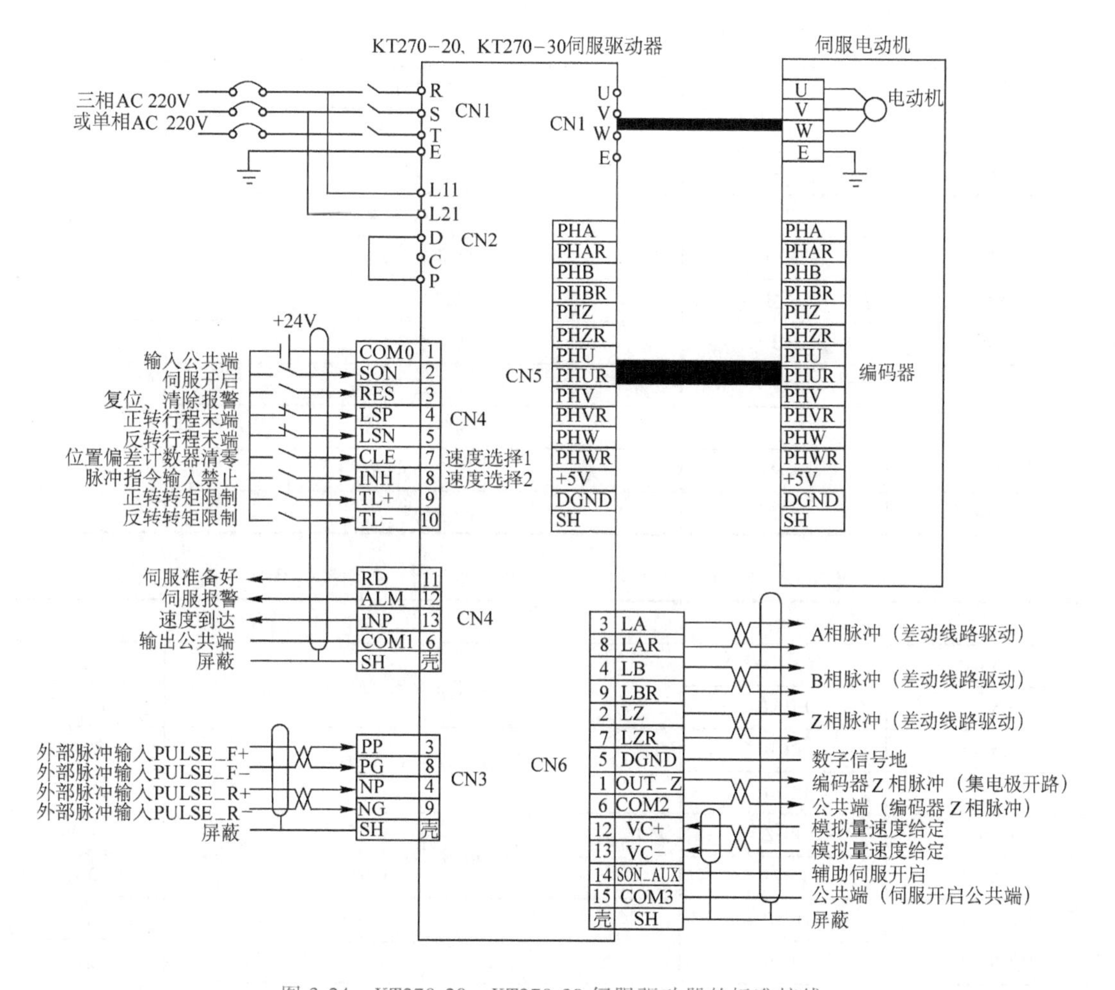

图 3-24 KT270-20、KT270-30 伺服驱动器的标准接线

表 3-10 CN3（9PIN）外部位置指令的含义

端子号	指令	含义	
CN3-3	PP	外部脉冲输入 PULSE_F+(P 模式)	输入
CN3-8	PG	外部脉冲输入 PULSE_F-(P 模式)	输入
CN3-4	NP	外部脉冲输入 PULSE_R+(P 模式)	输入
CN3-9	NG	外部脉冲输入 PULSE_R-(P 模式)	输入
金属壳	SH	屏蔽	

表 3-11 CN4（15PIN）输入/输出信号的含义

端子号	名称	含义	
CN4-2	SON	伺服开启	输入
CN4-4	LSP	正转行程末端	输入
CN4-5	LSN	反转行程末端	输入
CN4-3	RES	复位、清除报警(仅对某些报警有效)	输入
CN4-7	CLE	位置偏差计数器清零(P 模式)	输入
	SC1	速度选择 1(S 模式)	
CN4-8	INH	脉冲指令输入禁止(P 模式)	输入
	SC2	速度选择 2(S 模式)	
CN4-9	TL+	正转转矩限制	输入
CN4-10	TL-	反转转矩限制	输入
CN4-1	COM0	速度信号输入公共端	
CN4-12	ALM	伺服报警	输出
CN4-11	RD	伺服准备好	输出
CN4-13	INP	位置到达(P 模式)	输出
	SA	速度到达(S 模式)	
CN4-6	COM1	输出公共端	
金属壳	SH	屏蔽	

表 3-12 CN5（15PIN）编码器（电动机侧）各引脚的含义

端子号	名称	含义	
CN5-1	PHA	编码器 A 相脉冲	输入
CN5-6	PHAR		输入
CN5-2	PHB	编码器 B 相脉冲	输入
CN5-7	PHBR		输入
CN5-3	PHZ	编码器 Z 相脉冲	输入
CN5-8	PHZR		输入
CN5-4	PHU	位置检测 U 相信号	输入
CN5-9	PHUR		输入

（续）

端子号	名称	含义	
CN5-5	PHV	位置检测 V 相信号	输入
CN5-10	PHVR		输入
CN5-11	PHW	位置检测 W 相信号	输入
CN5-12	PHWR		输入
CN5-13	+5V	电源	
CN5-14	DGND	数字信号地	
金属壳	SH	屏蔽	

表 3-13 CN6（15PIN）数字齿轮（编码器信含义号输出）各引脚的含义

端子号	名称	含义	
CN6-3	LA	A 相脉冲（差动线路驱动）	输出
CN6-8	LAR		输出
CN6-4	LB	B 相脉冲（差动线路驱动）	输出
CN6-9	LBR		输出
CN6-2	LZ	Z 相脉冲（差动线路驱动）	输出
CN6-7	LZR		输出
CN6-5	DGND	数字信号地	输出
CN6-10			
CN6-1	OUT_Z	编码器 Z 相脉冲（集电极开路）	输出
CN6-6	COM2	公共端[编码器 Z 相脉冲（集电极开路）]	
CN6-12	VC+	速度指令（S 模式，仅 KT270-XXA 型提供）	输入
CN6-13	VC-	速度指令（S 模式，仅 KT270-XXA 型提供）	输入
CN6-14	SON_AUX	伺服开启	输入
CN6-15	COM3	公共端（伺服开启公共端）	
金属壳	SH	屏蔽	

图 3-25 所示为 KT270 伺服驱动器与 KT590 数控系统的连接。部分功能说明如下：

（1）6 个 LED 显示灯和系统按键 KT270 交流伺服电动机驱动系统面板上有 6 个 LED 数码管显示器和 4 个按键↑ ↓ ← ↵，用来显示系统各种状态、设置参数等。操作是分层操作，← ↵键表示层次的后退和前进，并且↵键有进入、确定的意义，←键有退出、取消的意义；↑、↓键表示增加、减少序号或数值大小。如果按↑、↓键并保持，则具有重复效果，并且保持时间越长，重复速率越高。如果 6 个数码管或最右边数码管的小数点显示闪烁，表示发生报警。

（2）SON、CHG 指示灯 SON 为伺服开启信号；CHG 为伺服系统电源指示。

（3）CN3 为 D 型连接器（9PIN），用于伺服系统接受外部脉冲输入。

（4）CN4 为 D 型连接器（15PIN），用于伺服系统接受外部控制信号和输出反馈信号。

(5) CN5 为 D 型连接器（15PIN），用于伺服系统接受电动机编码器检测信号。

(6) CN6 为 D 型连接器（15PIN），用于伺服系统接受 CNC 输入的模拟量速度信号。

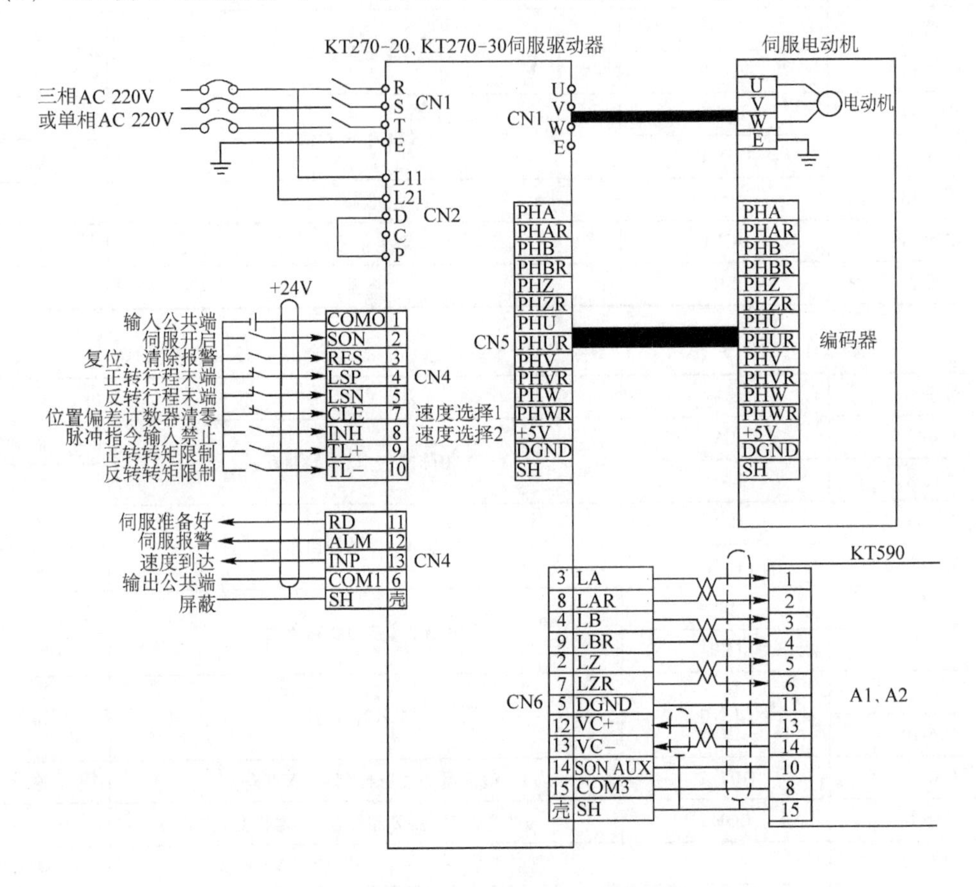

图 3-25 KT270 伺服驱动器与 KT590 数控系统的连接

任务四 直流进给伺服系统的连接与调试

直流伺服系统在 20 世纪七八十年代的数控机床上占据主导地位，但由于直流伺服电动机的结构比较复杂，电刷和换向器需经常维护，因此逐渐被交流伺服电动机取代。图 3-26 所示为直流伺服电动机及其驱动器的实形。

图 3-26 直流伺服电动机及其驱动器的实形

一、直流伺服电动机的类型

直流伺服电动机按励磁方式不同，可分为电磁式和永磁式两种。电磁式直流伺服电动机采用励磁绕组励磁，永磁式直流伺服电动机则采用永久磁铁励磁。电磁式直流伺服电动机按励磁绕组与电枢绕组的连接方式不同，又分为并励、串励和复励三种形式；按电动机转子转动惯量的不同，又可分为小惯量直流伺服电动机和大惯量直流伺服电动机两种。

二、直流伺服电动机的结构与工作原理

直流电动机的工作原理是建立在电磁力和电磁感应基础上的，带电导体在磁场中受到电磁力的作用。图 3-27 所示为直流电动机模型，它包括三个部分：固定的磁极、电枢、换向片与电刷。当将直流电压加到 A、B 两电刷之间，电流从电刷 A 流入，从电刷 B 流出，载流导体 ab 在磁场中受的作用力 $\boldsymbol{F}$ 按左手定则指向逆时针方向。同理，载流导体 cd 受到的作用力也是逆时针方向的。因此，转子在电磁转矩的作用下逆时针方向旋转起来。当电枢恰好转过 90°时，电枢线圈处于中性面（此时线圈不切割磁力线），电磁转矩为零。但由于惯性的作用，电枢将继续转动。当电刷与换向片再次接触时，导体 ab 和 cd 交换了位置。因此，导体 ab 和 cd 中的电流方向改变了。这就保证了电枢可以连续转动。从上面分析可知，要使电磁转矩方向不变，导体从 N 极转到 S 极时，导体中的电流方向必须相应地改变。换向片与电刷即实现这一任务的机械式“换向装置”。

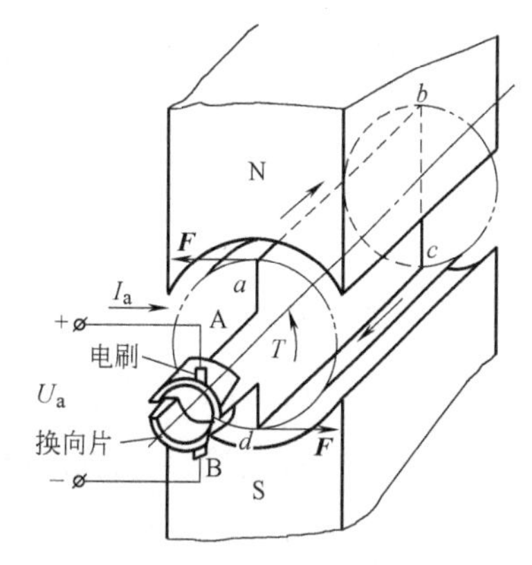

图 3-27　直流电动机模型

三、直流电动机的静态特性

当直流电动机的控制电压 U_a 和负载转矩 T 不变，电动机的电流 I_a 和转速 n 达到恒定的稳定值时，就称电动机处于静态（或稳态），此时直流电动机所具有的特性称为静态特性。它一般包括机械特性（n 与 T 的关系）和调节特性（n 与 U_a 的关系）。

根据电机学的基本知识，有

$$E=C_e\Phi n \tag{3-8}$$

$$M=C_T\Phi I_a \tag{3-9}$$

$$U_a=E+R_aI_a \tag{3-10}$$

式中　E——电枢感应电动势；

M——电磁转矩；

U_a——电枢电压；

Φ——主磁通；

I_a——电枢电流；

R_a——电枢回路总电阻；

C_e、C_T——电势常数和力矩常数；

n——电动机转速。

根据式（3-8）~式（3-10），电动机的机械特性方程为

$$n=\frac{U_{\mathrm{a}}}{C_{\mathrm{e}}\Phi}-\frac{R_{\mathrm{a}}}{C_{\mathrm{e}}C_{\mathrm{T}}\Phi^{2}}M=n_{0}-\frac{R_{\mathrm{a}}}{C_{\mathrm{e}}C_{\mathrm{T}}\Phi^{2}}M \tag{3-11}$$

式（3-11）表明电动机转速与电磁力矩的关系，此关系称为机械特性。如图 3-28 所示，n 与 T 的关系是线性关系。机械特性为静态特性，是稳定运行时带负载的性能。当电动机稳定运行时，电磁转矩与所带负载转矩相等。当负载转矩为零时，电磁转矩也为零，这时可得

$$n_{0}=\frac{U_{\mathrm{a}}}{C_{\mathrm{e}}\Phi}$$

式中 n_0——理想空载转速。

当电动机带动某一负载 T_{L} 时，电动机转速与理想空载转速 n_0 会有一个差值 Δn，Δn 的值表示机械特性的硬度，Δn 越小，机械特性越硬，Δn 为

$$\Delta n=\frac{R_{\mathrm{a}}}{C_{\mathrm{e}}C_{\mathrm{T}}\Phi^{2}}M$$

四、直流电动机的调速

由式（3-11）可知，直流电动机的调速方式有：①改变电枢电压 U_{a}；②改变励磁电流 I_{f} 以改变磁通 Φ；③改变电枢回路电阻 R_{a}。

1. 机械调速特性

当电枢电压 U_{a} 和磁通 Φ 一定时，转速 n 是转矩 M 的函数，它表明电动机的机械调速特性，如图 3-29 所示。

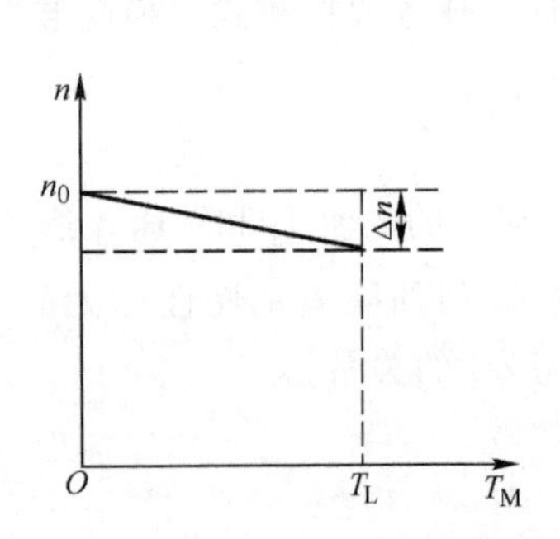

图 3-28 直流电动机的机械特性

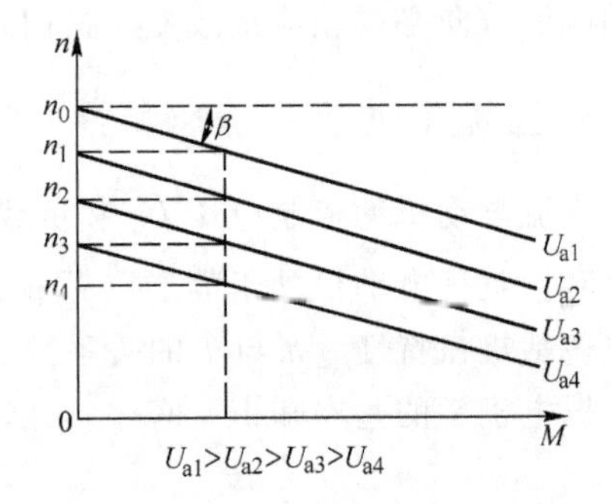

图 3-29 直流电动机的机械调速特性

如果改变电枢电压 U_{a}，可得到一组平行直线。在相同转矩时，电枢电压越高，静态转速越高。

2. 调节特性

调节特性是指电磁转矩（或负载转矩）一定时电动机的静态转速与电枢电压的关系。调节特性表明电枢电压 U_{a} 对转速 n 的调节作用。图 3-30 所示为转速 n 和控制电压 U_{a} 在不同转矩值时的一簇调节特性曲线。

由图 3-30 可知，当负载转矩为零时，电动机的起动没有死区；如果负载转矩不为零，则调节特性就会出现死区。只有电枢电压 U_{a} 大到一定值，所产生的电磁转矩大到足以克服

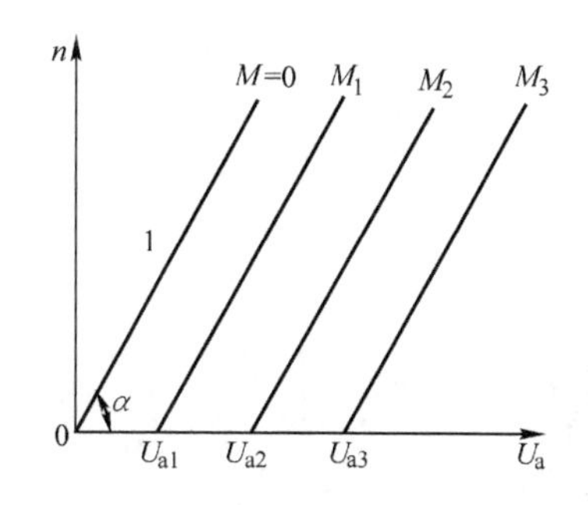

图 3-30 直流电动机的调节特性

负载转矩，电动机才能开始转动，且随着电枢电压的提高，转速也逐渐提高。

综上所述，直流电动机通过调节电枢电压的方式控制时，其机械特性和调节特性都是直线，特性曲线簇是平行直线，控制方便。

习　题

1. 数控机床对伺服系统有哪些要求？
2. 简述反应式步进电动机的工作原理。
3. 某五相步进电动机转子有 48 个齿，试计算单拍制和双拍制的步距角。
4. 如何控制步进电动机的转速及输出转角？
5. 什么是反应式步进电动机的起动矩频特性和运行矩频特性？
6. 步进电动机的控制电源由哪几部分组成？各有什么作用？
7. 试比较高低压、恒流斩波驱动电源的特点。
8. 交流伺服电动机的调速方法有几种？哪种方法应用最广泛？

项目四 主轴驱动系统

通过本项目的学习，掌握主轴驱动系统的概念及工作原理，能够进行数控机床主轴系统的连接和调试。

学习目标：

- 主轴系统的部件及特点；
- 主轴交流电动机伺服系统的工作原理及调速方法；
- 主轴变频装置的原理及应用。

项目重点：

- 主轴系统的调速原理；
- 变频器与数控系统的接线与调试；
- 串行主轴的调试。

项目难点：

- 变频器与数控系统连接实例应用；
- FANUC0i-C 系统串行主轴参数设定与调试。

任务一　认识主轴驱动系统

一、数控机床主轴部件

数控机床主轴电动机通过同步带将运动传递到主轴，主电动机为变频调速三相异步电动机，由变频器控制其速度的变化，从而实现主轴无级调速。主轴转速范围为 250～6000r/min。

现代数控机床的主轴起动与停止、主轴正反转及主轴变速等都可以按程序介质上编入的程序自动执行。不同机床的变速功能与范围也不同。有的采用变频机组（目前已很少采用），固定几种转速，可任选一种编入程序，但转速不能在运转时改变；有的采用变频器调速，将转速分为几档，编程时可任选一档，在运转中转速可通过控制面板上的旋钮在本档范围内自由调节；有的则不分档，编程时可在整个调速范围内任选一值，主轴运转中可以在全速范围内进行无级调整。但从安全角度考虑，转速每次只能在允许的范围内调高或调低，不能有大起大落的变化。在数控铣床的主轴套筒内一般都设有自动拉刀、退刀装置，可在数秒内完成装刀与卸刀，使换刀显得较为方便。此外，多坐标数控铣床的主轴可以绕 X 轴、Y 轴或 Z 轴做数控摆动，也有的数控铣床带有万能主轴头，扩大了主轴自身的运动范围，但主轴结构更加复杂。

二、数控机床主轴驱动系统的特点

模拟主轴和串行主轴的区别

生产力的不断提高、机床结构的改进以及加工范围的扩大，要求不断提高机床主轴的速度和功率，扩大主轴的转速范围和主轴的恒功率调速范围，并要求主轴具备自动换刀的准停功能等。

为了实现上述要求，主轴驱动要采用无级调速系统。一般情况下主轴驱动只有速度控制要求，少量有位置控制要求，所以主轴控制系统只有速度控制环。

由于主轴需要的恒功率调速范围大，因此采用永磁式电动机不合理，往往采用他励式直流伺服电动机和笼型感应交流伺服电动机。

数控机床主旋转运动不需要丝杠或其他直线运动的机构，机床的主轴驱动与进给驱动有很大的差别。

早年的数控机床多采用直流主轴驱动系统，但由于直流电动机的换向限制，大多数系统恒功率调速范围都非常小。随着微处理器技术和大功率晶体管技术的发展，20 世纪 80 年代初期开始，数控机床的主轴驱动应用交流主轴驱动系统。目前，国内外新生产的数控机床基本采用交流主轴驱动系统，其将完全取代直流主轴驱动系统。这是因为交流电动机不像直流电动机那样在高转速和大容量方面受到限制，而且交流主轴驱动系统的性能已达到直流主轴驱动系统的水平，甚至其噪声还有所降低，价格也比直流主轴驱动系统低。

三、数控机床对主轴驱动的要求

能提供大的切削功率；调速范围达 200 : 1，以利于选择合适的主轴转速；能满足不同的加工要求，在一定速度范围内保持恒转矩或恒功率切削。

任务二　模拟主轴的连接与调试

在 CNC 中，主轴转速通过 S 指令进行编程，被编程的 S 指令可以转换为模拟电压或数字量输出，因此主轴的转速有两种控制方式：利用模拟量输出进行控制（简称模拟主轴）和利用串行总线进行控制（简称串行主轴）。其中，模拟主轴广泛应用于中小型经济型机床。

1. 变频电源的应用

变频器即电压频率变换器，是一种将固定频率的交流电变换成频率、电压连续可调的交流电，以供给电动机运转的电源装置。交流电动机变频调速与控制技术已经在机床、纺织、印刷、造纸、冶金、矿山以及工程机械等各个领域得到广泛应用。

中小功率变频电源产品由于运行时其散热表面的温度高达 90℃，所以大多数要求壁挂立式安装，并在机壳内配有冷却风扇，以保证热量得到充分的散发。在电气柜中应注意给变频电源的两侧及后部留出足够空间，而且在它的上部不应设置容易受人影响的器件。多台变频电源安装在一起时要尽量避免竖排安装，如果必须竖排安装则要在两层间配备隔热板。变频电源工作的环境温度不允许超过 50℃。

2. 变频电源的基本接线

小功率变频电源产品的外形如图 4-1 所示。一般三相输入、三相输出变频电源的基本电气接线原理如图 4-2 所示。

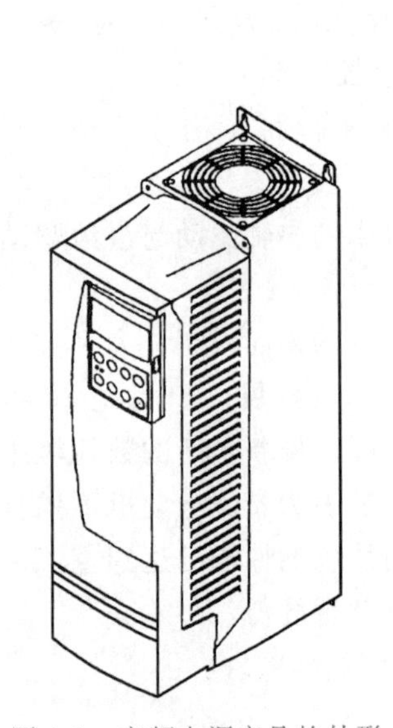

图 4-1 变频电源产品的外形

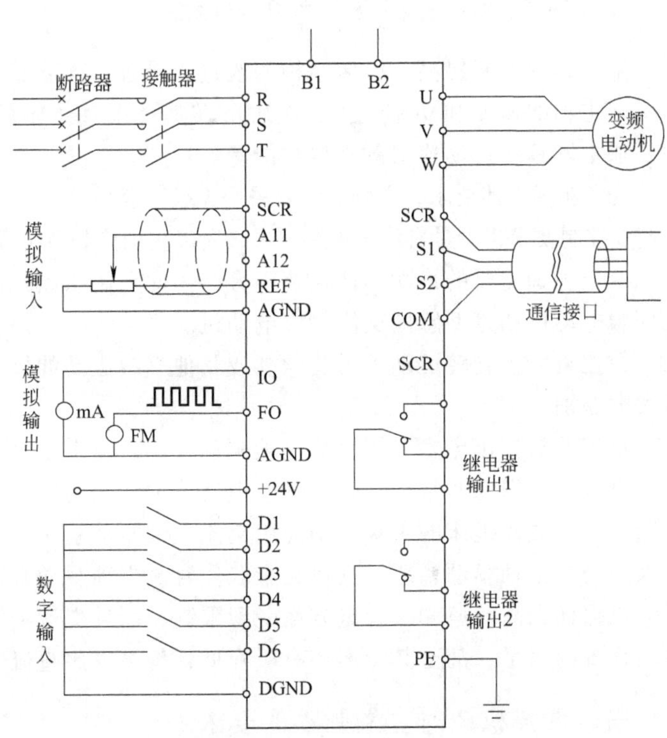

图 4-2 变频电源基本电气接线原理

在图 4-2 中，主电路接入口 R、S、T 处应按常规动力线路的要求预先串接符合该电动机功率容量的断路器和交流接触器，以便对电动机工作电路进行正常的控制和保护。经过变频后的三相动力接出口为 U、V、W，在它们和电动机之间可设置热继电器，以防止电动机过长时间过载或单相运行等问题。电动机的转向仍然靠外部的换相来确定或控制。

B1、B2 用来连接外部制动电阻，改变制动电阻值的大小可调节制动的程度。

工作频率的模拟输入端为 A11 和 A12，模拟量接地端 AGND 为零电位点。电压或电流模拟方式的选择一般通过这些端口的内部跳线来确定。电压模拟输入也可以通过从外部接入电位器实现（有的变频电源将此环节设定在内部），电位器的参考电压从 REF 端获取。

工作频率档位的数字输入由 D3、D4、D5 的三位二进制数设定，“000”认定为模拟控制方式。另外三个数字端可分别控制电动机电源的起动、停止，起动及制动过程的加减速时间选定等功能。数字量的参考电位点是 DGND。

一般变频电源都提供模拟电流输出端 IO 和数字频率输出端 FO，便于建立外部的控制系统。如果需要电压输出，可通过外接频压转换环节获得。继电器可输出至外部接触器 KM1 和 KM2，表述诸如变频电源有无故障、电动机是否在运转、各种运转参数是否超过规定极限、工作频率是否符合给定数据等状态，便于整个系统的协调和正常运行。

通信接口可以选择是否将该变频电源作为某个大系统的终端设备，它们的通信协议一般由变频电源厂商规定，不可改变。

为保证变频电源的正常工作，其外壳 PE 应可靠地接入大地零电位。所有与信号相关的接线群都要有屏蔽接点 SCR。

3. 变频器主接线端子

主接线端子是变频器与电源及电动机连接的接线端子。

（1）主接线端子示意图　主接线端子示意图如图 4-3 所示。

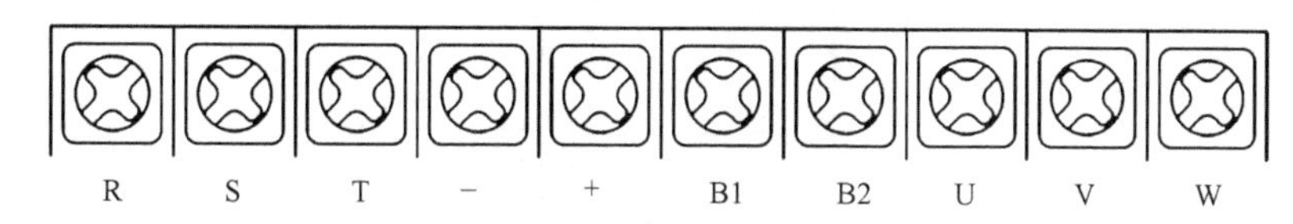

图 4-3　主接线端子示意图

（2）主接线端子的功能　主接线端子的功能见表 4-1。

表 4-1　主接线端子的功能

功能	使用端子
主回路电源输入	R、S、T
变频器输出	U、V、W
直流电源输入	−、+
直流电抗器连接	+、B1（去掉短接片）
制动电阻连接	B1、B2
接地	⏚

4. 变频器的试运行连接

Micromaster 440 系列变频器外观如图 4-4a 所示。采用电位器作为速度的给定模拟量，用开关作为起动/停止和正转/反转控制简单试运行的连接方式，如图 4-4b 所示。按该图连接以后，确认无误即可进行操作。

a)

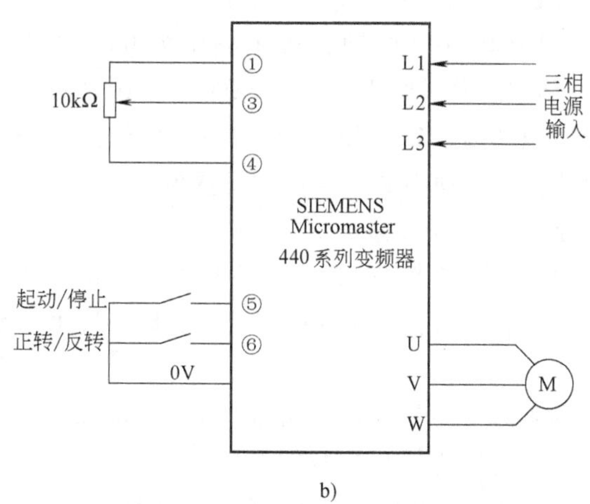

b)

图 4-4　变频器外观及试运行连接

a）Micromaster 440 系列变频器外观　b）Micromaster 440 系列变频器简单试运行连接

5. 变频器与华中世纪星数控系统的连接

Micromaster 440 系列变频器与华中世纪星数控系统连接的端子与接口如图 4-5 所示。

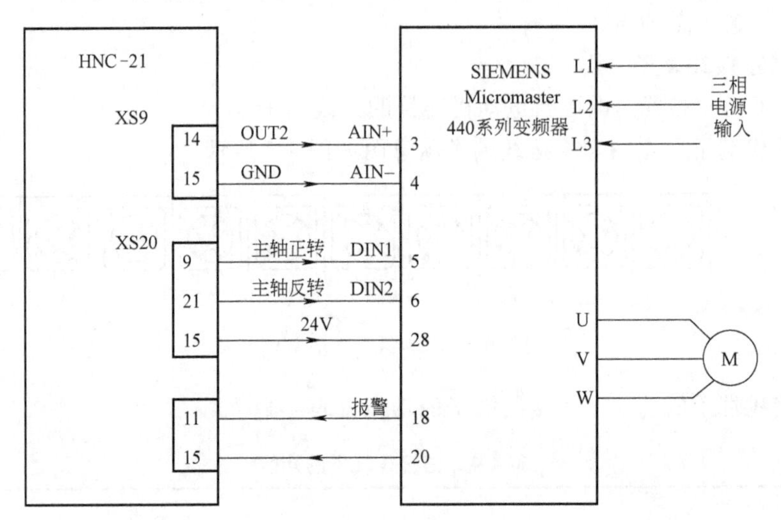

图 4-5 变频器与华中世纪星数控系统的连接的端子与接口

6. 变频器中电动机参数的设置

在 Micromaster 440 系列变频器的基本操作面板（Bop）上进行调试，把变频器所有参数复位为出厂时的默认设置值。接通变频器三相（380V）输入电源，然后进行快速调试，将参数 P0010 设置为“1”，设置参数 P0100（=0）和下列电动机参数：

电动机额定电压 P0304=380V；

电动机额定电流 P0305=1.5A；

电动机额定功率 P0307=0.55kW；

电动机额定频率 P0310=50Hz；

电动机额定转速 P0311=1390r/min。

再依次设置参数 P0700=1（将变频器设置为 Bop 控制方式）、P1000=1（用 Bop 控制频率的升降）、P1080=0（电动机最小频率为 0）、P1082=50（电动机最大频率为 50Hz）、P1120=10（斜坡上升时间为 10s）和 P1121=10（斜坡下降时间为 10s）。完成上述步骤后，将参数 P3900 设置为“1”，使变频器自动执行必要的电动机其他参数计算；将其余参数恢复为默认设置值，自动将 P0010 参数设置为“0”。

7. 数控装置与主轴装置的连接

华中 HNC-21 数控装置通过 XS9 主轴控制接口和 PLC 输入/输出接口连接各种主轴驱动器，实现正反转、定向、调速等控制，还可以外接主轴编码器，实现螺纹车削和铣床上的刚性攻螺纹功能。

(1) 主轴起停 主轴起停控制由 PLC 承担，标准铣床 PLC 程序和标准车床 PLC 程序中关于主轴起停控制的信号见表 4-2。

利用 Y1.0、Y1.1 输出即可控制主轴装置的正反转及停止，一般定义接通有效；当 Y1.0 接通时，可控制主轴装置正转；Y1.1 接通时，主轴装置反转；二者都不接通时，主轴装置停止旋转。在使用某些主轴变频器或主轴伺服单元时，也用 Y1.0、Y1.1 作为主轴单元的使能信号。

部分主轴装置的运转方向由速度给定信号的正、负极性控制，这时可将主轴正转信号用作主轴使能控制，主轴反转信号不用。

部分主轴控制器有速度到达和零速信号，由此可使用主轴速度到达和主轴零速输入，实现 PLC 对主轴运转状态的监控。

表 4-2　与主轴起停有关的输入/输出开关量信号

信号说明	标号(X/Y 地址)		所在接口	信号名称	引脚号
	铣	车			
输入开关量					
主轴速度到达	X3.1	X3.1	XS11	I25	23
主轴零速	X3.2			I26	10
输出开关量					
主轴正转	Y1.0	Y1.0	XS20	O08	9
主轴反转	Y1.1	Y1.1		O09	21

（2）主轴速度控制　华中 HNC-21 通过 XS9 主轴控制接口中的模拟量输出可控制主轴转速，当主轴模拟量的输出范围为-10~10V 时，其用于双极性速度指令输入的主轴驱动单元或变频器，这时采用使能信号控制主轴的起动、停止。当主轴模拟量的输出范围为 0~10V 时，其用于单极性速度指令输入的主轴驱动单元或变频器，这时采用主轴正转、主轴反转信号控制主轴的正转、反转。模拟电压的值由用户 PLC 程序送到相应接口的数字量决定。

（3）主轴定向控制　与主轴定向有关的输入/输出开关量信号见表 4-3。实现主轴定向控制的方案及控制方式见表 4-4。

表 4-3　与主轴定向有关的输入/输出开关量信号

信号说明	标号(X/Y 地址)	所在接口	信号名称	引脚号
	铣			
输入开关量				
主轴定向完成	X3.3	XS11	I27	27
输出开关量				
主轴定向	Y1.3	XS20	O11	20

表 4-4　主轴定向控制的方案及控制方式

序号	控制方案	控制方式及说明
1	用带主轴定向功能的主轴驱动单元控制	标准铣床 PLC 程序中定义了相关的输入/输出信号。由 PLC 发生主轴定向命令，即 Y1.3 接通主轴驱动单元完成定向后送回主轴定向完成信号 X3.3
2	用伺服主轴即主轴工作在位控方式下实现	主轴作为一个伺服轴控制，可在需要时由用户 PLC 程序控制定向到任意角度
3	用机械方式实现	根据所采用的具体方式，用户可自行定义有关的 PLC 输入/输出点，并编制相应的 PLC 程序

（4）主轴编码器连接　通过主轴控制接口 XS9 可外接主轴编码器，用于螺纹切割、攻

螺纹等，华中 HNC-21 数控装置可接入两种输出类型的编码器，即差分 TTL 方波或单极性 TTL 方波。一般使用差分编码器，以确保长传输距离的可靠性及提高抗干扰能力。华中 HNC-21 数控装置与主轴编码器的接线如图 4-6 所示。

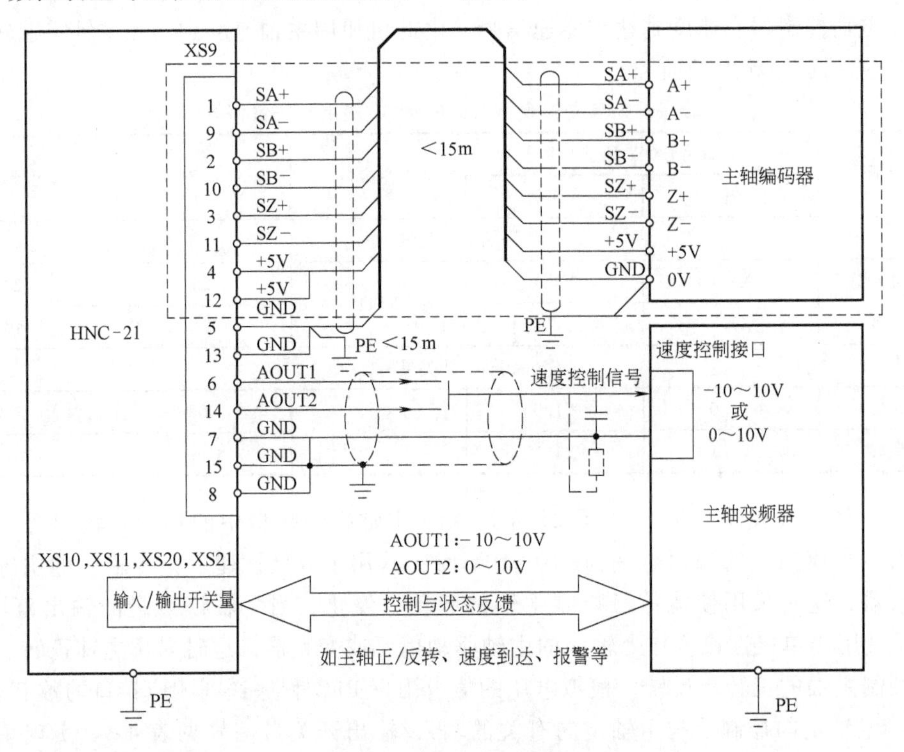

图 4-6 华中 HNC-21 数控装置与主轴编码器及主轴变频器的接线

注：若没有主轴编码器则虚线框中的内容没有。

（5）数控装置与主轴装置的连接实例

1）与普通三相异步电动机连接。用无调速装置的交流异步电动机作为主轴电动机时，只需利用数控装置输出开关量控制中间继电器和接触器，便可控制主轴电动机的正转、反转、停止，如图 4-7 所示，其中 KA3、KM3 控制电动机正转，KA4、KM4 控制电动机反转。

华中 HNC-21 数控装置与普通三相异步主轴电动机的连接，可配合主轴机械换档实现有级调速，还可外接主轴编码器实现螺纹车削加工或刚性攻螺纹。

2）与交流变频主轴连接。采用交流变频器控制交流变频电动机，可在一定范围内实现主轴的无级变速，这时需利用数控装置的主轴控制接口（XS9）中的模拟量电压输出信号，作为变频器的速度给定，采用开关量输出信号（XS20、XS21）控制主轴的起动、停止（或正反转）。华中 HNC-21 数控装置与主轴变频器的接线如图 4-6 所示。

采用交流变频主轴，由于低速特性不很理想，一般需配合机械换档以兼顾低速特性和调速范围。需要车削螺纹或攻螺纹时，数控装置可外接主轴编码器。

8. 主轴准停控制

主轴准停指使主轴准确停止在某一固定位置，以便加工中心在该处进行换刀等操作。现代数控机床中，一般采用电气控制方式使主轴定向，只要数控装置发出 M19 主轴准停指令，主轴就能准确地定向。它利用安装在主轴上的主轴位置编码器或接近开关（如磁性接近开

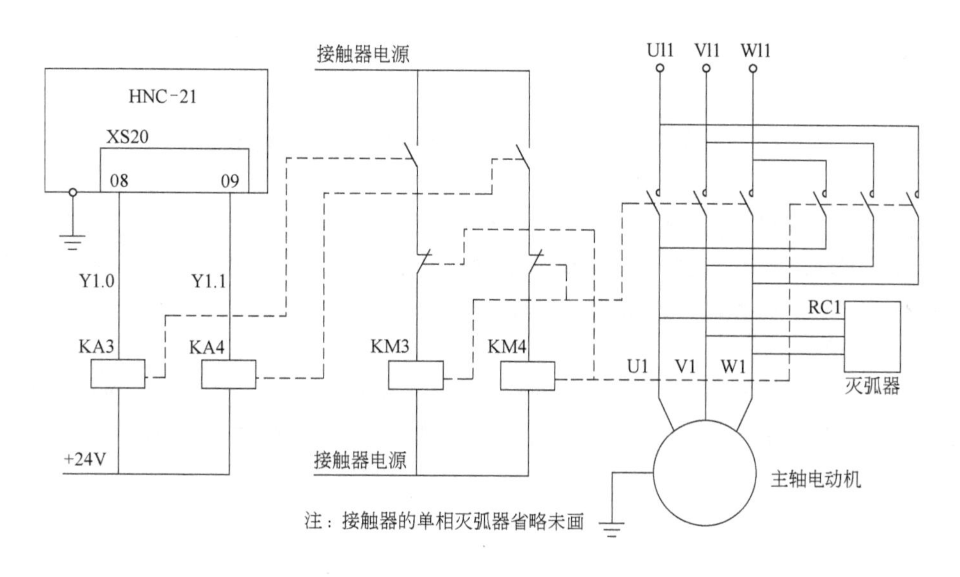

图 4-7 数控装置与普通三相异步主轴电动机的连接

关、光电开关等）作为位置反馈元件，控制主轴准确地停止在规定的位置上。

主轴准停控制实际上是在主轴速度控制的基础上，增加一个位置控制环。图 4-8 所示为采用主轴位置编码器和磁性接近开关时两种方案的控制原理。采用磁性接近开关时，磁性元件直接安装于主轴上，而磁性传感头则固定在主轴箱上。为减少干扰，磁性传感头与放大器之间的连线需采用屏蔽线，且连线越短越好。采用位置编码器时，若安装不方便，可通过 1∶1 齿轮进行连接。这两种方案要依机床实际情况来选用。

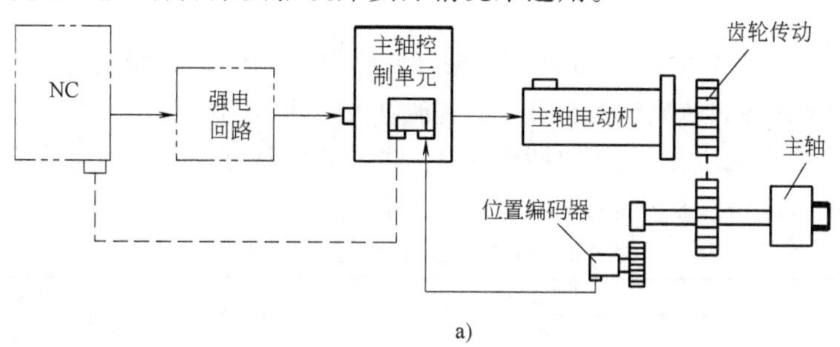

a)

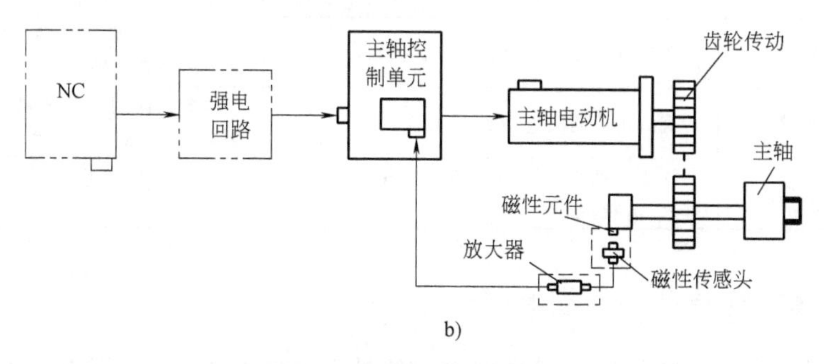

b)

图 4-8 主轴准停控制原理

a）采用位置编码器的方案 b）采用磁性接近开关的方案

主轴位置编码器的工作原理和光电脉冲编码器相同，但其线纹是1024条/周，经4倍频细分电路细分为4096个脉冲/转，输出信号幅值为5V。

任务三 串行主轴的连接与调试

为了提高主轴控制精度与可靠性，适应现代信息技术发展的需要，从CNC输出的控制指令也可以通过网络进行传输，在CNC与主轴驱动装置之间建立通信，这一通信一般使用CNC的串行接口，这种控制方式称为串行主轴控制，串行接口是独立于CNC装置FSSB总线的专用串行总线。

主轴驱动装置的控制信号通过串行总线传送到主轴驱动装置，驱动装置的状态信息同样可通过串行总线传送到PMC。因此，采用串行主轴后可以省略大量主轴驱动装置与PMC（CNC）之间的连接线。

一、模拟主轴与串行主轴的区别

模拟主轴控制通过CNC内部附加的D/A转换器，自动将S指令转换为-10~10V的模拟电压。CNC所输出的模拟电压可通过主轴速度控制单元实现主轴的闭环速度控制，在调速精度要求不高的场合，也可以使用通用变频器等简单的开环调速装置进行控制。主轴驱动装置总是严格保证速度给定输入与电动机输出转速之间的对应关系。例如：当速度给定输入为10V时，如果电动机转速为6000r/min，则在速度给定输入为5V时，电动机转速必为3000r/min。模拟主轴与串行主轴的区别见表4-5。

二、串行主轴的硬件连接

FANUC 0i系统一般最多支持两个串行主轴（或称伺服主轴），系统通过主轴总线连接。CNC系统从系统侧的JA7A端口依次连接至第一个主轴放大器的JA7B端口，第一个主轴放大器JA7A端口依次连接至第二个主轴放大器的JA7B端口。主轴放大器可独立连接主轴位置编码器，也可将主轴电动机的内置编码器设置为主轴位置功能。其硬件连接示意图如图4-9所示。

表4-5 模拟主轴与串行主轴的区别

项目	主轴模拟量控制	串行主轴控制
主轴转速输出	-10~10V的模拟量	通过串行通信传输的内部数字信号
主轴驱动装置	模拟量控制的主轴驱动单元，如变频器	数控系统专用的主轴驱动装置
主轴电动机	普通的三相异步电动机或者变频电动机	数控系统专用的主轴伺服电动机
主轴参数设定	在主轴驱动装置上设定与调整	在CNC上设定与调整，并利用串行总线自动传送到主轴驱动装置中
主轴位置检测连接	直接由编码器连接到CNC	从编码器到主轴驱动装置，再由主轴驱动装置到CNC
主轴正反转、起停控制	利用主轴驱动装置上的外部接点输入信号进行控制	利用CNC和PMC之间的内部信号进行控制

三、主轴模块标准参数的初始化

主轴模块标准参数的初始化，就是将主轴的设定参数按FANUC标准主轴电动机型号进行重新覆盖。对于FANUC系统，主轴模块标准参数初始化的步骤如下：

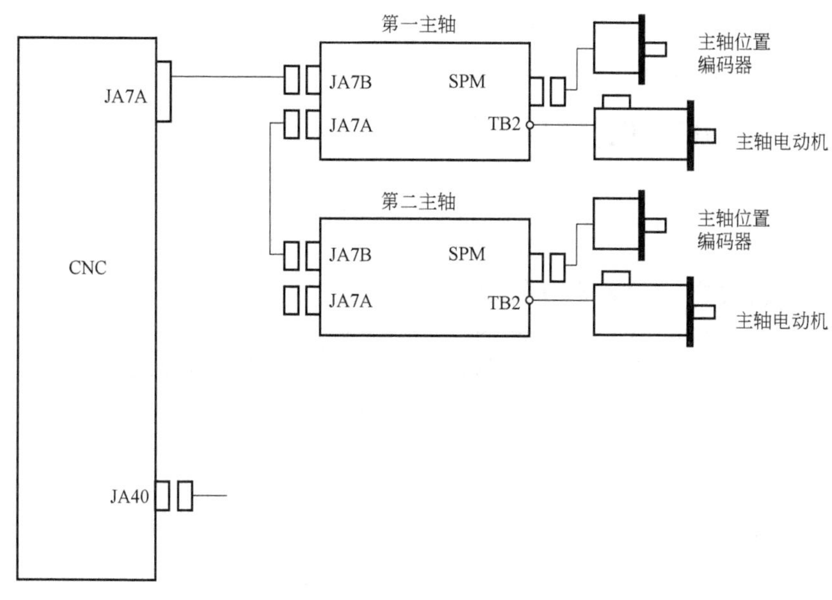

图 4-9 串行主轴硬件连接

1）使系统处于急停状态，打开电源。

2）将主轴电动机型号的代码设定在系统串行主轴电动机代码参数 No. 4133 中。

3）将自动设定串行数字主轴标准值的参数 No. 4019#7（LDSP）置为“1”。

4）关断电源，再打开，主轴标准参数被写入。

四、主轴系统参数的设定

（1）串行数字主轴控制功能选择参数及串行主轴个数选择参数 FANUC 0i-C 系统串行主轴控制功能选择参数为 No. 3701#1，置“1”表示模拟量控制主轴，置“0”表示串行数字控制主轴；串行数字主轴个数选择参数为 No. 3701#4，置“0”表示 1 个，置“1”表示 2 个。

（2）主轴位置编码器控制功能选用参数 FANUC 0i-C 系统串行主轴位置编码器控制功能选用参数为 No. 4001#2，置“0”表示不用，置“1”表示使用主轴位置编码器。

（3）主轴与位置编码器的传动比参数 FANUC 0i-C 系统主轴与位置编码器传动比参数为 No. 3706#0、No. 3706#1（二进制代码组合设定，分别为 1∶1、1∶2、1∶4 和 1∶8），通常置为“00”，即为 1∶1。

（4）主轴速度到达检测功能参数 FANUC 0i-C 系统主轴速度到达检测功能参数为 No. 3708#0，置“0”表示不检测主轴到达速度，置“1”表示检测主轴到达速度。如果置为“1”，系统 PMC 控制中还要编制程序，实现切削进给的开始条件。

（5）主轴齿轮档位的最高速度参数 主轴第 1~4 档的最高转速设定参数，FANUC 0i-C 系统对应为 No. 3741~No. 3744；主轴各档齿轮比（高档、中高档、中低档、低档），FANUC 0i 系统分别为 No. 4056~No. 4059。

（6）主轴电动机最高转速设定参数 FANUC 0i-C 系统中为 No. 4020。

五、串行数字主轴伺服参数调整

（1）主轴伺服页面显示参数 串行主轴伺服页面显示参数（SPS）置为“1”时，

FANUC-0C/0D 系统中参数为 No. 389#1，FANUC-16/16i/18/18i/0i 系统中参数为 No. 3111#1。

（2）主轴页面显示（见图 4-10）

FANUC－0C/0D系统
DGNOS PARAM
[SP.PRM]
诊断/参数功能键
主轴伺服页面软键
FANUC－16/18/0i系统
SYSTEM
[SP.PRM]
系统功能键
系统扩展软键
主轴伺服页面软键

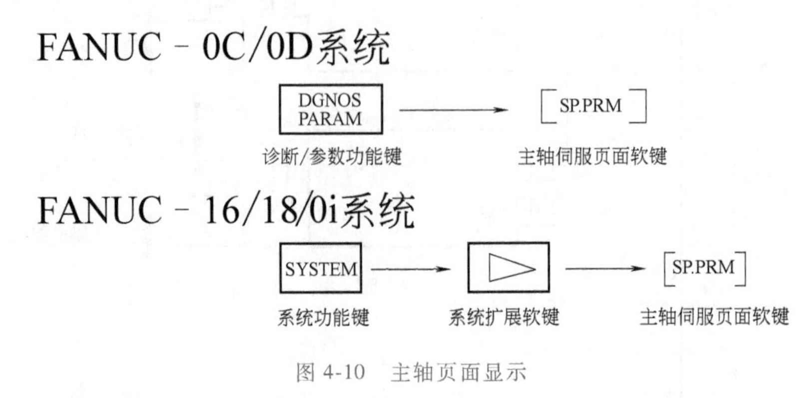

图 4-10　主轴页面显示

（3）串行主轴伺服页面

1）主轴设定页面如图 4-11 所示。

2）主轴调整页面如图 4-12 所示。

主轴设定
齿轮选择 : 1
主轴 : S11
（参数）
齿轮比 50
主轴最大转速 4500
电机最高转速 6000
C轴最高转速 100
[SP. SET][SP. TUN][SP. MON][ ][操作]

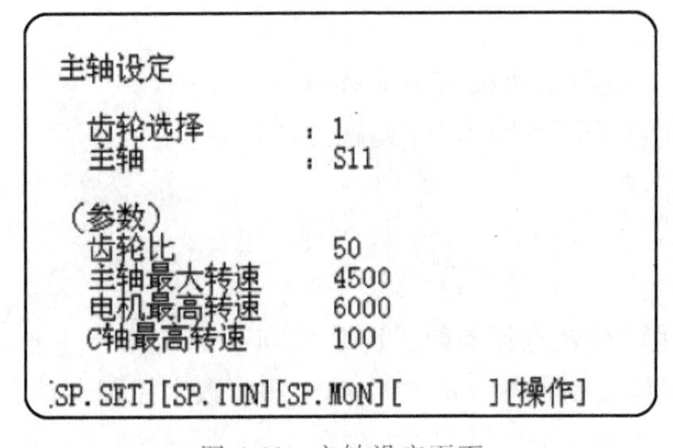

图 4-11　主轴设定页面

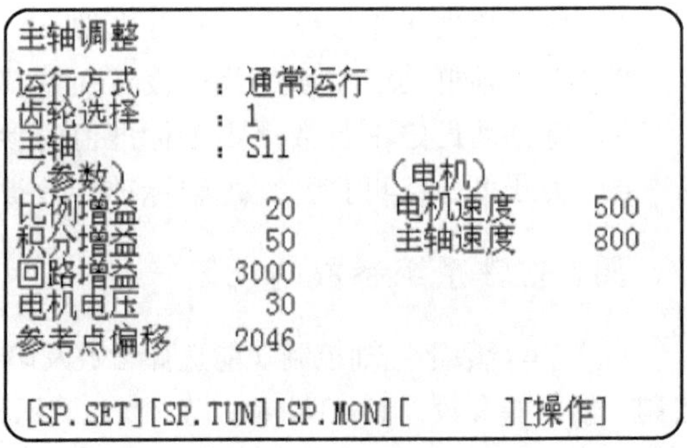

主轴调整
运行方式 : 通常运行
齿轮选择 : 1
主轴 : S11
（参数）
比例增益 20
积分增益 50
回路增益 3000
电机电压 30
参考点偏移 2046
（电机）
电机速度 500
主轴速度 800
[SP. SET][SP. TUN][SP. MON][ ][操作]

图 4-12　主轴调整页面

3）主轴监视页面如图 4-13 所示。

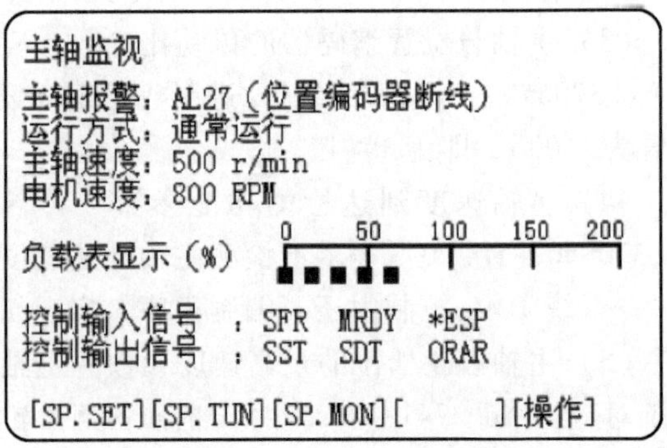

主轴监视
主轴报警：AL27（位置编码器断线）
运行方式：通常运行
主轴速度：500 r/min
电机速度：800 RPM
负载表显示（%）
0 50 100 150 200
控制输入信号 : SFR MRDY *ESP
控制输出信号 : SST SDT ORAR
[SP. SET][SP. TUN][SP. MON][ ][操作]

图 4-13　主轴监视页面

（4）串行主轴在使用过程中不运转的原因

1）在 PMC 中主轴急停（G71.1）、主轴停止（G29.6）、主轴倍率（G30，当 G30 为全 1 时倍率为 0）信号没有处理。另外，在 PMC 中注意 SIND 信号处理不当也将造成主轴不输出。

2）没有设置参数中串行主轴功能选择参数，即主轴没有设定。

3）No. 4001 # 0　MRDY（6501 # 0）（G229.7/G70.7）误设，将造成主轴没有输出，此时主轴放大器上显示 01 号错误。

4）在没有使用定向功能而设定 No. 3732 时，将有可能造成主轴在低速旋转时不平稳。

5）当使用内装主轴时，使用 MCC 的吸合来进行换档，应注意档位参数的设置（只设一档）。

6）No. 3708#0（SAR）信号的设置不当可能造成刚性攻螺纹的不输出。

7）当 No. 3705#2 SGB（铣床专有）误设时，改参数以后使用 No. 3751/No. 3752 的速度，由于此时 No. 3751/No. 3752 没有设定，故主轴没有输出。

8）FANUC 系统的串行主轴有相序，连接错误将导致主轴旋转异常；主轴内部传感器损坏，放大器 31 号报警。

9）No. 8133#0 恒周速控制对主轴换档有影响，导致 F34. 0，F34. 1，F34. 2 无输出。

10）No. 4000#2 位置编码器的安装方向对一转信号有影响，可能检测不到一转信号。

习　题

1. 简述主轴伺服系统的作用。
2. 简述模拟主轴的特点。
3. 简述模拟主轴变频器的应用。
4. 简述伺服主轴的应用。

项目五

位置检测装置

项目描述

位置检测装置在数控机床中的应用十分广泛。通过本项目的学习，可掌握光电编码器、光栅、感应同步器等检测装置的结构及工作原理，了解角位移和直线位移检测装置在数控机床上的应用，并能够根据被测量正确选择不同的检测装置。

学习目标：

- 机床检测装置的作用；
- 光电编码器工作过程的认知和应用；
- 光栅尺工作过程的认知和应用；
- 感应同步器工作过程的认知和应用。

项目重点：

- 光电编码器的工作原理；
- 光栅的工作原理及结构；
- 直线式感应同步器的工作原理。

项目难点：

位置检测装置的选型及应用。

任务一　认识位置检测装置

一、位置检测装置的作用与要求

数控机床加工中的位置精度，主要取决于数控机床驱动元件和位置检测装置的精度。位置检测装置是闭环、半闭环伺服系统的重要组成部分，是数控机床的关键部件之一，其作用是检测位移和速度，发送反馈信号，构成闭环控制。它对于提高数控机床的加工精度有决定性的作用。

通常，位置检测装置的精度指标主要包括系统精度和系统分辨率。系统精度是指在某单位长度或角度内的最大累积测量误差，目前直线位移的测量精度在±0.001～±0.02mm/m 的范围内，角位移的测量精度可达±10″/360°。系统分辨率是指位置检测装置能够正确检测的最小位移量，目前直线位移的分辨率可达 0.001mm，角位移的分辨率可达 2″。系统分辨率不仅取决于检测装置本身，也取决于检测电路的设计。一般来说，数控机床上使用的位置检测装置应满足如下要求：①在机床工作台移动范围内，能满足精度和速度的要求；②工作可靠，抗干扰能力强，并能长期保持精度；③使用、维护简单方便，成本低。

二、位置检测装置的分类

不同类型的数控机床对检测系统的要求不同。一般大型数控机床应满足运动速度的要求，而中小型和高精度数控设备首先要满足位置精度。由于工作条件和测量要求不同，数控机床常用以下几种测量方式：

1. 绝对值测量方式和增量测量方式

绝对值测量方式下，任一被测量点的位置都是从一个固定的测量基准（即坐标原点）算起，每个被测量点都对应一个相对于原点的绝对测量值。绝对值测量装置的结构较增量式的复杂，且精度和分辨率要求越高，量程越大，结构越复杂。增量测量方式下，所测得的是相对位移量，是终点相对于起点的位置坐标增量，而任何一个对中点都可作为测量起点，因而检测装置比较简单，在轮廓控制数控机床上大都采用这种测量方式。增量测量方式的不足是，一旦某种事故（如停电、刀具损坏而停机等）发生，事故排除后就不能找到事故前执行元件的正确位置了，必须将执行元件移至起始点重新计数才能找到事故前的正确位置。典型的检测元件有感应同步器、光栅、磁尺等。

2. 数字式测量和模拟式测量

数字式测量方式下，被测量以数字形式表示。数字式测量的输出信号一般是电脉冲，可以把它直接送到数控装置（计算机）进行比较、处理。其典型的检测装置如光栅位移测量装置。数字式测量的特点是：①被测量量化成脉冲个数，便于显示和处理；②测量精度取决于测量单位，与量程基本无关（当然也有累积误差）；③测量装置比较简单，脉冲信号抗干扰能力强。

模拟式测量方式下，被测量用连续的变量（如相位变化、电压幅值变化）表示。在数控机床上，模拟式测量主要用于小量程的测量，如感应同步器的一个线距（节距）内信号的相位变化等。模拟式测量的特点是：①直接测量被测量，无须进行信号转换；②在小量程内可以实现高精度测量，如用旋转变压器、感应同步器等测量。

3. 直接测量和间接测量

直接测量的精度主要取决于测量元件的精度，检测装置直接安装在执行元件上。其优点是直接反映工作台的直线位移量；缺点是检测装置要和工作台行程等长，这对大型数控机床而言是一个很大的限制。

间接测量是通过对与工作台运动相关联的伺服电动机输出轴式丝杠回转运动的测量，间接地反映工作台位移。例如，用旋转式检测装置反映工作台的直线位移，即通过角位移与直线位移之间的线性关系求出工作台的直线位移，设丝杠螺距为 6mm，角位移测量值为 30°，则工作台直线位移为 6mm×30°/360° = 0. 5mm。间接测量装置组成位置半闭环伺服系统，位置精度取决于检测装置和机床传动链的精度。其优点是可靠方便，无长度限制；缺点是测量信号中加入了机械运动传动链误差，从而影响测量精度。

常用的位置检测装置见表 5-1。本项目主要介绍光电编码器、光栅、感应同步器等。

表 5-1 常用的位置检测装置

结构型式	数字式	模拟式
旋转式	圆光栅、光电编码器	旋转变压器、圆形感应同步器、多极旋转变压器
直线式	直线光栅、激光干涉仪、编码尺	直线型感应同步器、磁栅、绝对值式磁尺

任务二 认识光电编码器

一、光电编码器的分类及工作原理

光电编码器是一种光学式位置检测装置，通常与被测轴同轴安装，通过光电感应元件输出一系列的电脉冲或二进制代码来反映被测轴的机械位移。光电编码器的主要结构是一个圆盘，圆周上分布有相等的透光和不透光的辐射状窄缝，另有两组静止不动的扇形窄缝，相互错开 1/4 节距。当光线通过这两个做相对运动的窄缝群时，光电池组受到明暗光的照射，经信号变换、放大和整形，形成脉冲信号。光电编码器直接将被测角位移转换成数字（脉冲）信号表示，所以也称其为脉冲编码器。光电编码器也可用来检测转速，即通过脉冲计数和测量频率计算工作轴的转角和转速。

光电编码器也可以按测量的坐标系来分类，分为增量式光电编码器和绝对式光电编码器。

1. 增量式光电编码器

增量式光电编码器也称为光电盘，其检测原理如图 5-1 所示。

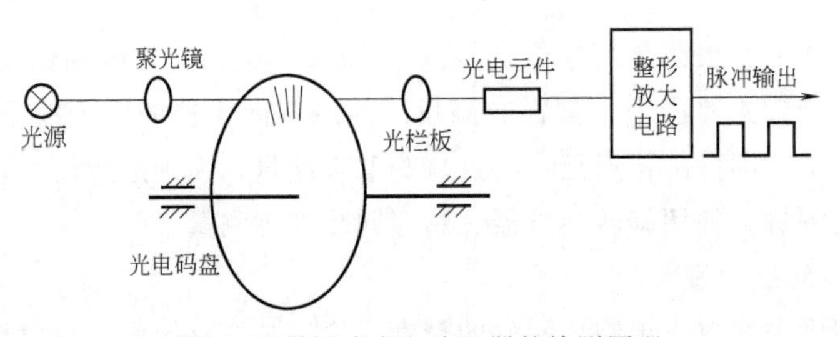

图 5-1 增量式光电编码器的检测原理

增量式光电编码器检测装置由光源、聚光镜、光电码盘、光栏板、光电元件、整形放大电路和脉冲输出装置等组成。光电码盘和光栏板用玻璃研磨抛光制成，玻璃的表面在真空中镀一层不透明的铬，然后用照相腐蚀法，在光电码盘的边缘上开有间距相等的透光狭缝。在光栏板上制成两条狭缝，每条狭缝的后面对应安装一个光电管。当光电码盘随被测工作轴一起转动时，每转过一个缝隙，光电管就会感受到一次光线的明暗变化，光电管的电阻值便改变，这样就把光线的明暗变化转变成电信号的强弱变化，而这个电信号的强弱变化近似于正弦波的信号，经过整形和放大等处理，变换成脉冲信号。通过计数器计量脉冲的数目，即可测定旋转运动的角位移；通过计量脉冲的频率，即可测定旋转运动的转速。测量结果可以通过数字显示装置显示。

为了使光电编码器的输出波形能反映编码器的旋转方向，采用光栏板两条狭缝的光信号 A 和 B 输出两路信号，其相位差为 90°，通过光电管转换并经过信号的放大整形后，成为两相方波信号，如图 5-2 所示。

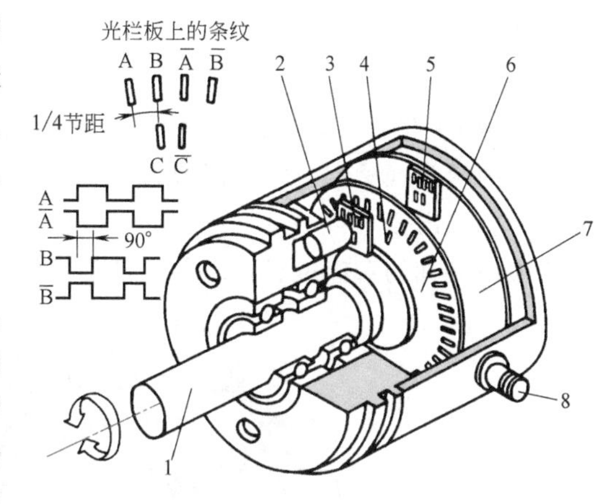

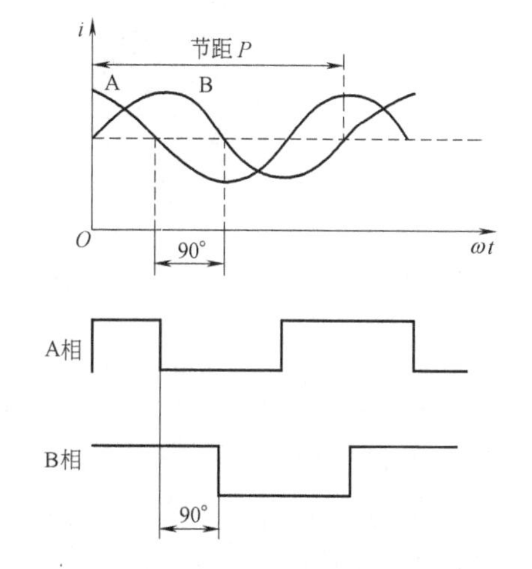

图 5-2 增量式光电编码器的结构及其输出信号

1—转轴 2—LED 3—光栏板 4—零基准槽 5—光电元件 6—光电码盘 7—印制电路板 8—电源及信号线连接座

2. 绝对式光电编码器

与增量式光电编码器不同，绝对式光电编码器是通过读取编码器上的图案来取得轴的角位移的。绝对式编码器以固定点为参考原点，输出为编码器轴的当前值偏离原点的角位移。它是目前使用最广泛的角位移检测装置，常用的有光电式和接触式两种。图 5-3 所示为四位二进制接触式绝对编码盘，码盘上有 4 条码道，所谓码道就是码盘上的同心圆环，每条码道对应不同的半径，代表二进制的各位。编码器的白色部分为绝缘体，表示二进制 0；黑色部分为导电体，表示二进制 1。4 条码道上分别安装有电刷，码盘每周产生 2^4 个二进制数。当码盘旋转时，4 条码道上的电刷依次输出 0000～1111 二进制编码，代表对应的绝对转角。码盘的分辨率与码道数的多少有关，码道越多，分辨率越高。接触式码盘原理简明，结构简单，但由于电刷与码盘接触，精度较差。

图 5-4 所示为绝对式光电编码器四位二进制码盘。每条码道以二进制的分布规律，被加工成透明的亮区和不透明的暗区。编码盘的一侧安装光源，另一侧安装一排径向排列的光电管，每个光电管对准一条码道。当光源产

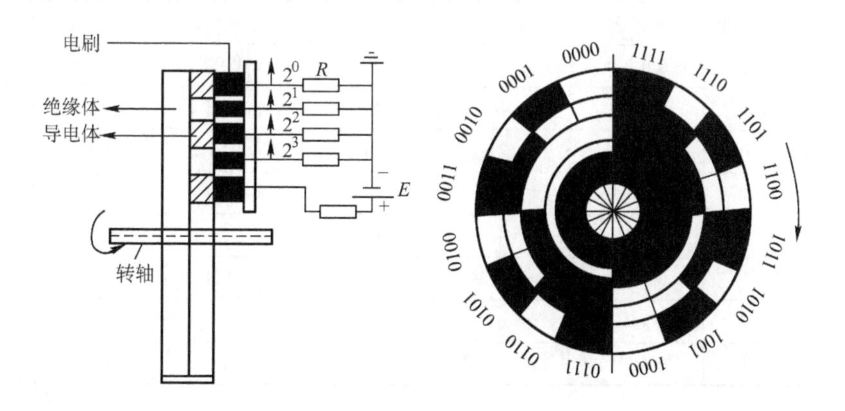

图 5-3 四位二进制接触式绝对编码盘

生的光线经透镜变成一束平行光线，照射在码盘上时，如果是亮区，通过亮区的光线被光电元件接收，并转变成电信号，输出电信号为“1”；如果是暗区，光线不能被光电元件接收，输出电信号为“0”。由于光电元件呈径向排列，数量与码道相对应，根据四条码道沿码盘径向分布的明暗区状态，即可读取四位二进制数代码。一个四位码盘在360°范围内可编码$2^4=16$个。输出信号再经过整形、放大、锁存及译码等电路进行信号处理，输出的二进制代码即代表码盘轴的对应位置，也即实现了角位移的绝对值测量。

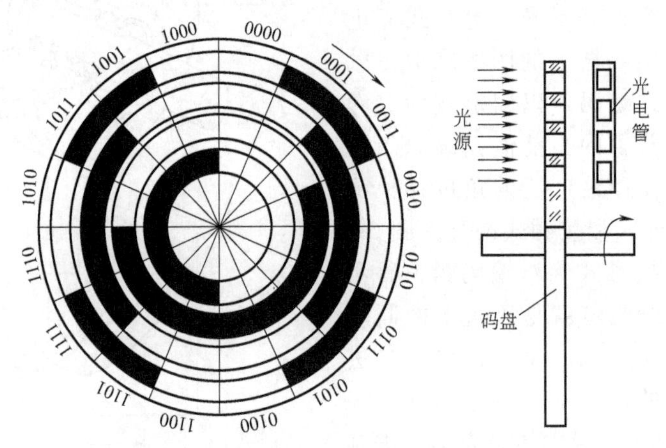

图 5-4 绝对式光电编码器四位二进制码盘

由于光电元件安装误差的影响，当码盘回转在两段码交替过程中，就会有一些光电元件越过分界线，而另一些未越过，于是便会产生读数误差。例如图5-3中，当码盘顺时针方向旋转时，由位置“0111”变为“1000”时，这四位数同时都有变化，可能将数码误读成为16种代码中的任意一种（与光电元件偏离位置有关），如读成“1111”“1011”“1101”等，这种误差称为非单值性误差。为了消除这种误差，绝对式光电编码器的码盘大多采用循环码盘（或格雷码盘）。格雷码参见表5-2。格雷码的特点是任意相邻的两个代码之间只改变一位二进制数，这样即使制作和安装不很准确，也只能读成相邻两个数中的一个，产生的误差最多不超过“1”。所以，这种编码是消除非单值性误差的有效方法。图5-5所示为四位二进制格雷码盘。

表 5-2 编码盘数码

角度	二进制数码	格雷码	十进制数	角度	二进制数码	格雷码	十进制数
0°	0 0 0 0	0 0 0 0	0	8α	1 0 0 0	1 1 0 0	8
α	0 0 0 1	0 0 0 1	1	9α	1 0 0 1	1 1 0 1	9
2α	0 0 1 0	0 0 1 1	2	10α	1 0 1 0	1 1 1 1	10
3α	0 0 1 1	0 0 1 0	3	11α	1 0 1 1	1 1 1 0	11
4α	0 1 0 0	0 1 1 0	4	12α	1 1 0 0	1 0 1 0	12
5α	0 1 0 1	0 1 1 1	5	13α	1 1 0 1	1 0 1 1	13
6α	0 1 1 0	0 1 0 1	6	14α	1 1 1 0	1 0 0 1	14
7α	0 1 1 1	0 1 0 0	7	15α	1 1 1 1	1 0 0 0	15

绝对式光电编码器可以直接读出角位移的绝对值，数控机床开机后不必回零，这种测量

方法没有累积误差，电源切断后位置信号不会丢失，允许的最高转速较高。

码盘的分辨率与码道数 n 的多少有关，其分辨率 α 为

$$\alpha=\frac{360^\circ}{2^n}$$

四位二进制码盘能分辨的最小角度为

$$\alpha=\frac{360^\circ}{2^4}=22.5^\circ$$

码道的数目越多，能分辨的最小角度越小。目前，码盘码道可做到 18 条，能分辨的最小角度为

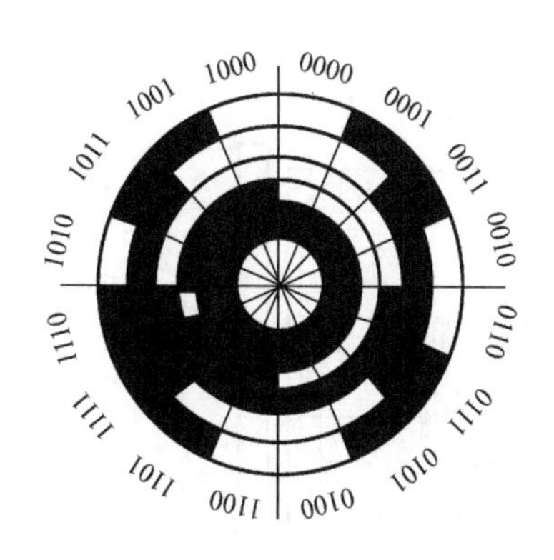

图 5-5 四位二进制格雷码盘

$$\alpha=\frac{360^\circ}{2^{18}}\approx 0.0014^\circ$$

当然码道的数目越多，编码器的结构就越复杂，因而价格也就越高。

除接触式和光电式编码器外，还有混合式和电磁式编码器等。相对来讲，光电式编码器应用范围较广。目前国内对光电式编码器只能检测其静态精度，对其动态误差的检测还没有有效的方法。表 5-3 中列举了部分编码器的规格参数。图 5-6 所示为 B-ZXF 型编码器的外形及安装尺寸。

表 5-3 部分编码器的规格参数

类型	脉冲测速电机式	金属光栅盘式	玻璃光栅盘式	
厂家	长春禹衡光学有限公司	长春禹衡光学有限公司	无锡瑞普科技有限公司	KOYO/光洋
型号	FSJ-25-001-X-D100	B-ZXF-P-102. 4BM-C05L	HKT3504-I01C1-500BZ3-5E	TRD-2TH1024BF
每转脉冲数	25	1024	500	1000
电源电压/V	5	5	5	5
外观尺寸/mm	100	79	35	50
允许最大机械转速/(r/min)	600	12000	3000	5000

3. 光电编码器的分辨率

（1）物理线数 光电码盘在 360°圆周上具有的刻线条数是编码器分辨能力的表示，一般为 5~10000 线。有多少条刻线，编码器每转就有多少个原始脉冲发出，如 2500 条刻线的编码器每转发出 2500 个脉冲。

（2）倍频提高分辨率 编码器送出的每个脉冲对应的长度并非总是等于要求的轴的分辨率。进一步提高分辨率的方法是对输出信号进行倍频处理。

光电编码器检测装置分辨率 α 的计算公式为

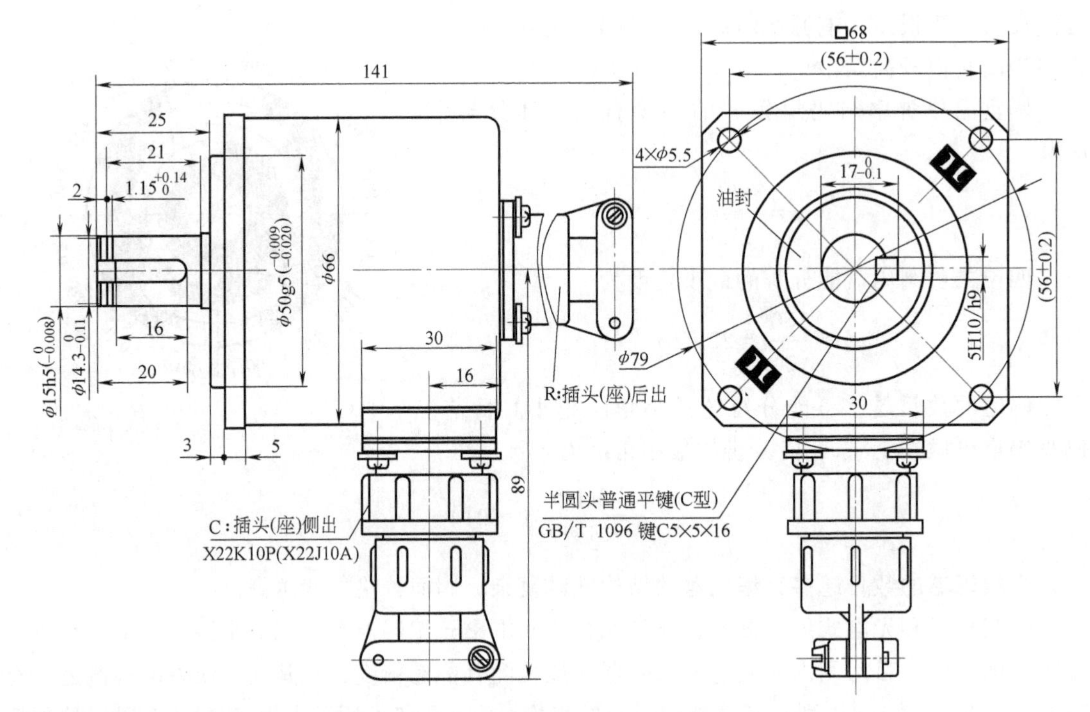

图 5-6 B-ZXF 型编码器的外形及安装尺寸

$$\alpha=\frac{360^\circ}{\text{刻线数}\times\text{细分倍数}}$$

例如，光电码盘的刻线数为 900 条，经四倍频处理后，其分辨率为

$$\alpha=\frac{360^\circ}{900\times4}=0.1^\circ$$

若数控机床移动工作台丝杠螺距 $L_0=12\text{mm}$，则对应单位角位移的脉冲当量 δ 为

$$\delta=\frac{\alpha}{360^\circ}L_0=\frac{0.1^\circ}{360^\circ}\times12\text{mm}\approx0.003\text{mm}$$

此光电编码器每次测量的角度值都是相对于上一次读数的增量值，而不能反映工作轴旋转运动的绝对位置，所以称为增量式光电编码器。

为了提高光电编码器的分辨率，可以采用提高光电码盘上狭缝密度的办法和增加光电码盘发信通道的办法，还可以采用测量电路的细分倍数，使光电码盘旋转一周时发出的脉冲信号数目增多，因而分辨率得到提高。

需要说明的是，手轮实际上是具有某线数的编码器，学名为手摇脉冲发生器，如美国 HAAS 公司的 VF-3 加工中心的手轮实际上是每转发出 100 个脉冲的编码器。

二、编码器在数控机床中的应用

1. 位移测量

由于增量式光电编码器每转过一个分辨角对应一个脉冲信号，因此，根据脉冲的数量、传动比及滚珠丝杠螺距即可得出移动部件的直线位移量。例如某带光电编码器的伺服电动机与滚珠丝杠直连（传动比 1∶1），光电编码器发出 1200 脉冲/转，丝杠螺距为 6mm，在数控系统位置控制中断时间内计数 1200 个脉冲，则在该时间段内，工作台移动距离为 6mm。

2. 螺纹加工控制

为便于数控机床加工螺纹，在其主轴上安装有光电编码器。光电编码器通常与主轴直连（传动比 1∶1）。为保证切削螺纹的螺距准确，要求主轴转一周工作台移动一个导程，必须有固定的起刀点和退刀点。安装在主轴上的光电编码器在切削螺纹时就可解决主轴旋转与坐标轴进给的同步控制，保证主轴每转一周，刀具准确地移动一个导程。此外，螺纹加工要经过几次切削才能完成，每次重复切削时，开始进刀的位置必须相同。为了保证重复切削不乱牙，数控系统在接收到光电编码器中的一转脉冲后才开始螺纹切削的计算。

3. 编码器在永磁式交流伺服电动机中的应用

永磁式交流伺服电动机是当代电器伺服控制中的新技术之一，它是利用矢量控制技术，结合电子技术中的新成就实现伺服控制的。永磁式交流伺服电动机的定子是三相绕组，转子是永久磁铁构成的永磁体，同轴连着位置传感器，其结构如图 5-7a 所示。位置检测装置采用光电编码器，其作用有三个：①提供电动机定子、转子之间的相互角度位置和电子电路配合，使得三相绕组中流过的电流和转子位置转角成正弦函数关系，彼此相差 120°电角度。三相电流合成的磁动势在空间的方向总是和转子的磁场成 90°电角度（超前），产生最大可能的转矩，实现矢量控制；②通过频率/电压转换电路，提供电动机转速反馈信号；③提供数控系统的位置反馈信号。绝对式编码器价格昂贵，采用绝对式编码器一般情况下是不适宜的。因为如果位数少，控制精度不高；如果位数多，则编码器很难制造，速度无法提高，价格也很高。实用的方案是采用两套编码器：用绝对式编码器对定子、转子之间的相对位置进行初定位，然后用增量式编码器对位置进行精确定位。编码器共有 12 路信号输出，它们是 A、$\overline{A}$、B、$\overline{B}$、Z、$\overline{Z}$ 以及 U、$\overline{U}$、V、$\overline{V}$、W、$\overline{W}$，如图 5-7b 所示。其中，A、$\overline{A}$、B、$\overline{B}$ 是用作精确定位的增量式编码器信号；Z、$\overline{Z}$ 为每转一个脉冲零位信号；信号 U、$\overline{U}$、V、$\overline{V}$、W、

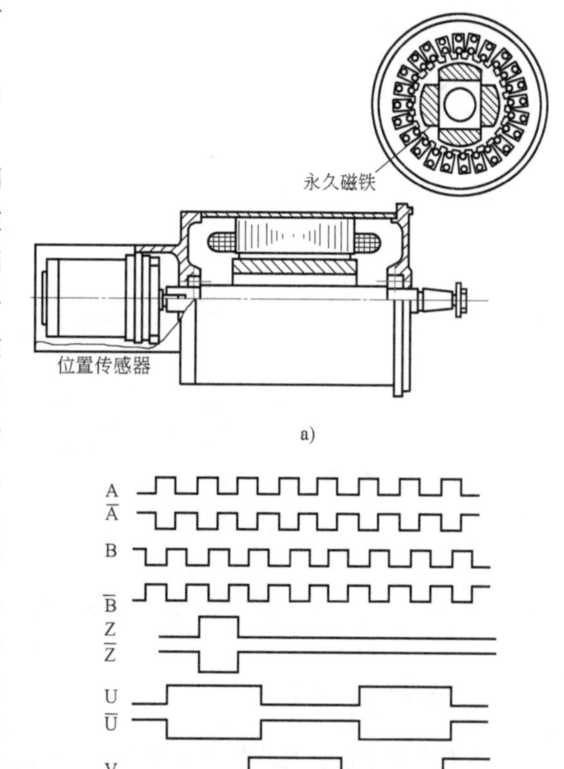

图 5-7　永磁式交流伺服电动机的结构及其编码器的输出波形

a）结构　b）编码器的输出波形

$\overline{W}$ 每转的脉冲数与电动机的磁极对数一致。信号 A、B 之间相差 90°电角度，U、V、W 之间彼此相差 120°。

任务三 认识光栅尺

光栅主要有两大类：物理光栅和计量光栅。物理光栅的测量精度非常高，栅距为 0.002~0.005mm，通常用于光谱分析和光波波长测定等；计量光栅相对而言刻度线粗一些，栅距大一些（0.004~0.25mm），通常用于检测直线位移和角位移等。目前在高精度数控机床上，大量使用计量光栅作为位置检测装置。下面介绍的就是计量光栅。光栅位置检测装置的构成如图 5-8 所示。

光栅的主要特点是：①具有很高的检测精度。直线光栅的精度可达 3μm，分辨率可达 0.1μm；圆光栅的精度可达 0.15″，分辨率可达 0.1″。②响应速度较快，可实现动态测量，易于实现检测及数据处理的自动化。③对使用环境要求较高，怕油污、灰尘及振动。④由于标尺光栅一般比较长，因此安装、维护困难，成本较高。

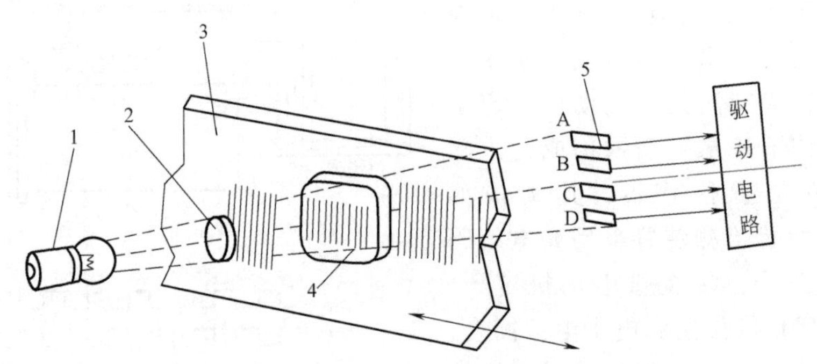

图 5-8 光栅位置检测装置的构成

1—光源 2—透镜 3—标尺光栅 4—指示光栅 5—光电元件

一、光栅的分类

光栅主要用于检测直线位移和角位移。检测直线位移的称为直线光栅，检测角位移的称为圆光栅。

1. 直线光栅

直线光栅主要有玻璃透射光栅和金属反射光栅两种。玻璃透射光栅是在透明的光学玻璃表面上制作感光涂层或金属镀膜，经过涂敷、蚀刻等工艺制成间隔相等的透明与不透明线纹，所以称为透射光栅，如图 5-9 所示。

常用透射光栅的线纹密度为 25 条/mm、50 条/mm、100 条/mm、250 条/mm。它的主要特点是：①光源可以垂直射入，光电元件可以直接接收光信号，因此信号幅度大，读数头结构比较简单；②刻线密度较大，再经过电路细分，可达到微米级的分辨率。

金属反射光栅是在钢尺或不锈钢带的镜面上经过腐蚀或直接刻划等工艺制成光栅线纹，所以称为反射光栅，如图 5-10 所示。

常用反射光栅的线纹密度为 4 条/mm、10 条/mm、25 条/mm、40 条/mm、50 条/mm。

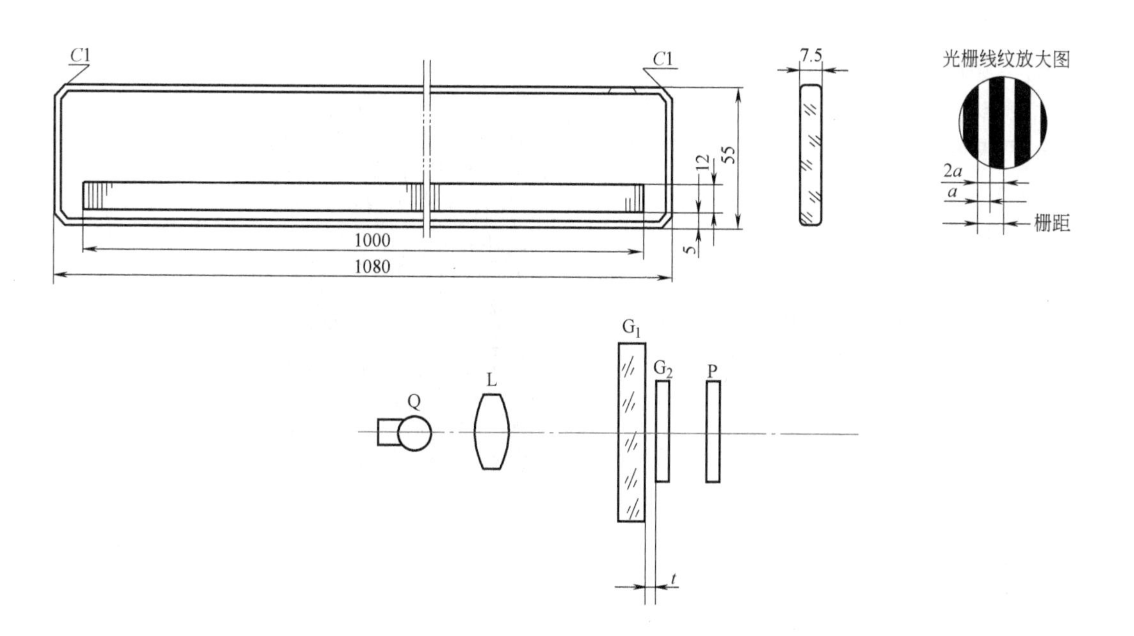

图 5-9　透射光栅检测装置

Q—光源　L—透镜　G_1—标尺光栅　G_2—指示光栅　P—光电元件　t—两光栅的距离

它的主要特点是：①光栅材料与机床材料的线膨胀系数相近；②坚固耐用，安装与调整比较方便；③分辨率低于透射光栅。

2. 圆光栅

圆光栅用于测量角位移。它是在玻璃圆盘的圆环端面上制成黑白相间的条纹，条纹呈辐射状，相互间的夹角相等。圆光栅的检测原理与直线光栅的检测原理相同，其输出的信号表示角位移。

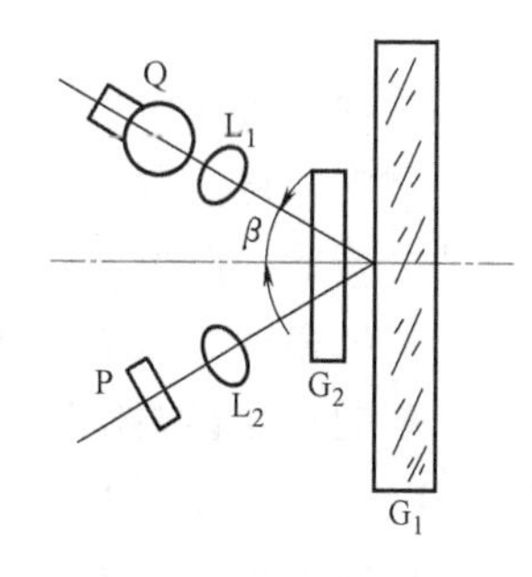

图 5-10　反射光栅检测装置

Q—光源　L_1、L_2—透镜

G_1—标尺光栅　G_2—指示光栅

P—光电元件　β—入射角

二、直线透射光栅的构造及工作原理

1. 直线透射光栅的构造

直线透射光栅由标尺光栅、指示光栅、光源、透镜、光电元件及检测电路等组成，如图 5-8 所示。标尺光栅和指示光栅也可分别称为长光栅和短光栅，它们的线纹密度相等。长光栅可安装在机床的固定部件（如机床床身）上，其长度选定为机床工作台的全行程。短光栅则安装在机床的运动部件（如工作台）上。当工作台移动时，指示光栅与标尺光栅产生相对移动。两光栅尺面相互平行地重叠在一起，并保持一定的间隙，且两平面相对转过一个很小的角度。在实际应用中，总是把光源、指示光栅和光电元件等组合在一起，称为读数头。因此，光栅位置检测装置可以看成是由读数头和标尺光栅两部分组成。

2. 直线透射光栅的工作原理

图 5-11 所示为莫尔条纹形成原理。

将长光栅和短光栅重叠在一起，中间保持 0.01~0.1mm 的间隙，并使两光栅的线纹相对转过

一个很小的夹角 θ。当光线平行照射光栅时，由于光的透射及衍射效应，在与线纹垂直的方向上，准确地说，在与两光栅线纹夹角 θ 的平分线相垂直的方向上，会出现明暗交替、间隔相等的粗条纹，这就是莫尔干涉条纹，简称莫尔条纹。

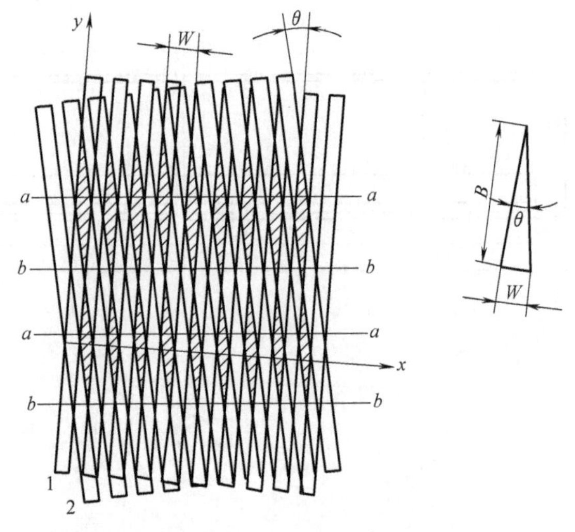

图 5-11 莫尔条纹形成原理

两条明带或两条暗带之间的距离称为莫尔条纹的间距 B，若光栅的栅距为 W，两光栅线纹的夹角为 θ，则它们之间存在以下几何关系

$$B=\frac{W}{2\sin\frac{\theta}{2}}$$

因为 θ 很小，所以 $\sin\frac{\theta}{2}\approx\frac{\theta}{2}$，则

$$B\approx\frac{W}{\theta}$$

光栅尺的工作原理

由此可见，莫尔条纹的间距与光栅栅距成正比关系。莫尔条纹具有如下特点：

（1）起放大作用　由上式可知，减小 θ 可增大 B，相当于把栅距 W 扩大了 $1/\theta$ 倍后，转化为莫尔条纹。例如，栅距为 $W=0.01\text{mm}$ 的线纹，人的肉眼是无法分辨的；而当 $\theta=0.001\text{rad}$ 时，莫尔条纹的间距 $B=10\text{mm}$，这就清晰可见了。这说明莫尔条纹可以把光栅的栅距放大 1000 倍，从而大大提高了光栅的分辨率。

（2）起均化误差作用　莫尔条纹是由若干条光栅线纹形成的，若光栅栅距为 10mm，当 $W=0.01\text{mm}$ 时，则 10mm 长的一根莫尔条纹就是由 1000 条线纹组成的。因此，制造上的缺陷，如间断地少了几条线，只会影响千分之几的光电效果。用莫尔条纹测量长度时，决定其精度的不是一两条线纹，而是一组线纹的平均效应。

（3）莫尔条纹移动与光栅栅距移动之间的关系　当光栅移动一个栅距 W 时，莫尔条纹也相应移动一莫尔条纹的间距 B，即光栅某一固定点的光强按“明→暗→明”的规律交替变化一次。因此，光电元件只要读出移动的莫尔条纹数目，就知道光栅移动了多少栅距，从而也就知道了运动部件的准确位移量。

在移动过程中，经过光栅的光线，其光强呈正弦波形变化。莫尔条纹的移动通过光电元件转换成电信号。

3. 光栅的辨向与信号处理

为了既能计数，又能判别工作台移动的方向，图 5-12 所示的光栅用了 4 个光电元件。每个光电元件相距为 $W/4$。当标尺光栅移动时，莫尔条纹通过各个光电元件的时间不一样，光电元件的电信号虽然和波形一样，但相位差为 1/4 周期。当标尺光栅 3 向右移动时，莫尔条纹向上移动，光电元件 A 输出的信号滞后光电元件 B 输出的信号 1/4 周期。根据各光电元件输出信号的相位关系，就可以确定标尺光栅移动的方向。据此，可设计出光栅的检测逻辑电路（见图 5-12a）。图中各光电元件之间的电信号波形相差 90°，1、3 及 2、4 间相差 180°。将光电元件输出分两路，一路由 1 和 3 经差动放大器和整形电路后形成方波，另一路由 2 和 4 经差动放大器和整形电路后得到方波。为了得到四个相差 π/2 的脉冲，整形后的方波一路直接微分产生脉冲，另一路经反相后再微分产生脉冲，如图 5-12b 所示。将微分后的脉冲用 8 个与门和 2 个或门进行逻辑组合，从而实现辨别移动部件方向的功能。

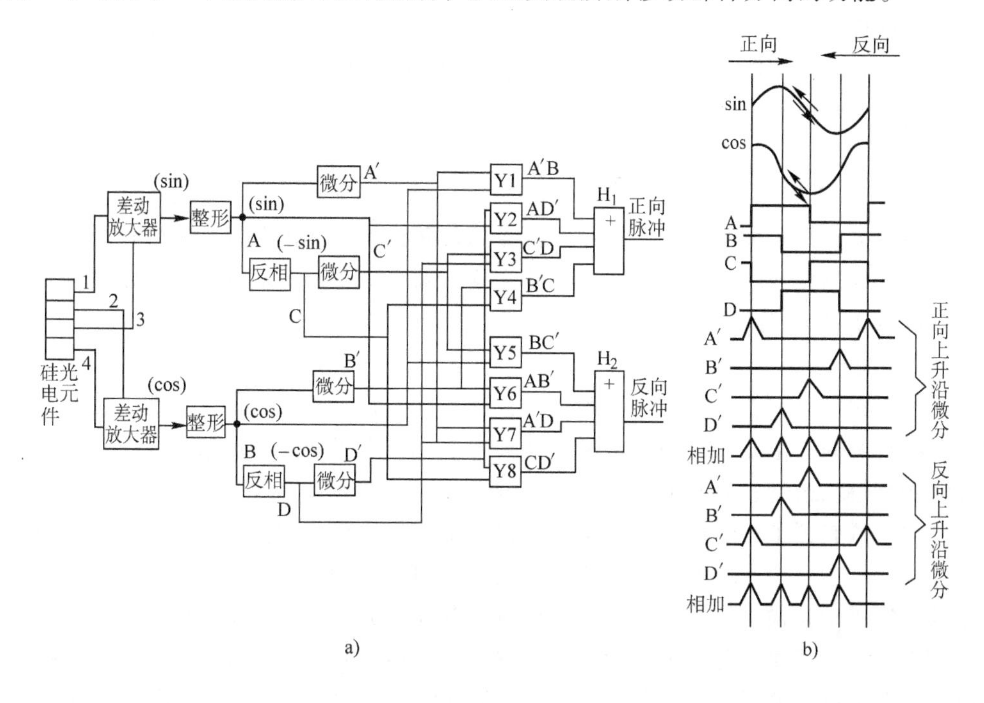

图 5-12 光栅的检测逻辑电路及波形图

a）检测逻辑电路 b）波形图

（1）正向运行脉冲 由 Y1→Y4 输出。此时，莫尔条纹按 1→2→3→4 的顺序对光电元件进行扫描。

$$Y1=A'B,\ Y2=AD',\ Y3=C'D,\ Y4=B'C$$

$$H1=Y1+Y2+Y3+Y4$$

从而得到脉冲顺序为：A′→D′→C′→B′→A′。

（2）反向运动脉冲 由 Y5→Y8 输出。此时，莫尔条纹按 4→3→2→1 的顺序对光电元件进行扫描。

$$Y5=BC',\ Y6=AB',\ Y7=A'D,\ Y8=CD'$$

$$H2=Y5+Y6+Y7+Y8$$

从而得到反向脉冲顺序为：D′→A′→B′→C′→D′。

正向脉冲和反向脉冲的输出波形如图 5-12b 所示。由此可见，光栅每移过一个栅距，光栅检测电路便输出四个脉冲，实现了电子细分的目的。光栅检测系统的分辨率与栅距 W 和细分倍数 n 有关，即

$$分辨率=\frac{W}{n}$$

光栅检测装置结构比较简单，但使用时极易受外界气温的影响，也容易被切屑、油污等污染。此外，由于标尺光栅较长，当室温变化±10℃时，可引起0.02mm的测量误差，这些在使用时应加以注意。

反映光栅移动的正弦波光信号由光电元件转换为正弦波电信号，再经过放大、整形、微分等处理后，变换成相应的测量脉冲，即由电脉冲来标定直线位移，一个脉冲表示一个栅距大小的位移量。

三、光栅检测装置及其应用

光栅检测装置是数控设备、坐标镗床、工具显微镜 *X-Y* 工作台及某些坐标测量仪器上广泛使用的位置检测装置，主要用于测量运动位移，确定工作台运动方向及确定工作台运动速度。下面以海德汉某系列光栅尺为例进行介绍。

1. 单场扫描技术

海德汉光栅尺采用新型的单场扫描技术，其扫描掩膜带一个大尺寸光栅，栅距与光栅标尺的栅距略有不同。由此，在扫描掩膜光栅长度上会产生明暗交替现象：某些地方栅线与栅线重叠，光线可以通过；某些地方栅线与空隙重叠，光线无法通过。而在这两者之间，空隙部分被遮挡。这起到了光学过滤的作用，使得产生均匀的正弦性信号成为可能。特制的栅状感光元件取代了独立感光元件，生成4个相位差为90°的扫描信号。

单场扫描光学扫描系统对角度和长度测量设备性能的提高起决定性作用，它的大面积扫描区和特殊光学过滤作用可在测量设备全行程上产生稳定质量的扫描信号。单场扫描光栅尺的输出信号拥有更小的圆度和更小的信号噪声，这意味着更高的定位精度和更佳的控制品质。对直线电动机而言，配备单场扫描光栅尺后，速度控制可以做得更好，更为平滑。覆盖光栅标尺全宽的大尺寸扫描面以及交替重复出现的条状扫描区使得采用单场扫描原理的测量设备对污染的干扰特别不敏感。这可通过抗污染试验来证实：即便在有大面积污染干扰时，测量设备仍然能提供高质量的测量信号，位置误差远低于测量设备标定精度等级所对应的误差值。

2. 增量式光栅和绝对式光栅

1）增量式光栅。增量式光栅的测量原理是将光源透射过一个光栅尺运动副，两光栅尺相对运动时可形成莫尔条纹，对此莫尔条纹进行计数、细分，得到周期内的位移变化量，并通过在光栅上设定的参考点来确定整周期的绝对位置。在增量式光栅位移测量系统中应先设定一个参考点，这个参考点标记为零位，绝对位移量则是通过对参考点的相对位移累加获得的。在一个信号周期内细分后所得到的是周期内的绝对测量值，超过一个信号周期外则是相对参考点的相对测量值，需要将周期内的绝对位移加上周期外的相对位移，才能得出最终的绝对位移量。

增量式光栅具有结构简单、机械平均寿命长、可靠性高、抗干扰能力强、传输距离远、精度较高、成本低等优点。但增量式光栅也有不足，其只能输出轴转动的相对位置，每次断电或者重新开机时需要设定参考点，同时信号处理方式存在一定的细分误差。海德汉LS系列增量式直线光栅尺如图5-13a所示。

2）绝对式光栅。所谓绝对式测量是相对于增量式测量而言的。绝对式光栅的测量原理是将输出信息与位置信息一一对应，每一位置给出的是一种特定的二进制编码，该编码是唯一的，与其他位置无关，在主光栅尺上将此位置编码刻划成系列码道。

读数头通过读取编码便可以确定绝对位置。平行光束透射过测量光栅，每一码道对应一组明暗信号，明暗信号对应于相应的二进制码，四组光电接收器的信号组成了绝对位置唯一的二进制编码，通过软件对编码进行解调便可得到相应的绝对位置。

绝对式光栅重新开机后直接就可以获得绝对位置，不需要执行参考点回零操作，而且位置的计算是在读数头中完成的，不需要后续的细分电路，简化了控制系统的设计，提高了系统的可靠性和工作效率。绝对式光栅的关键技术问题是如何对光栅尺进行位置编码和译码，现在市面上很多采用多码道编码，提高了制作成本，制作工艺标准也比增量式光栅高很多。海德汉 LC 系列四码道绝对式直线光栅尺如图 5-13b 所示。

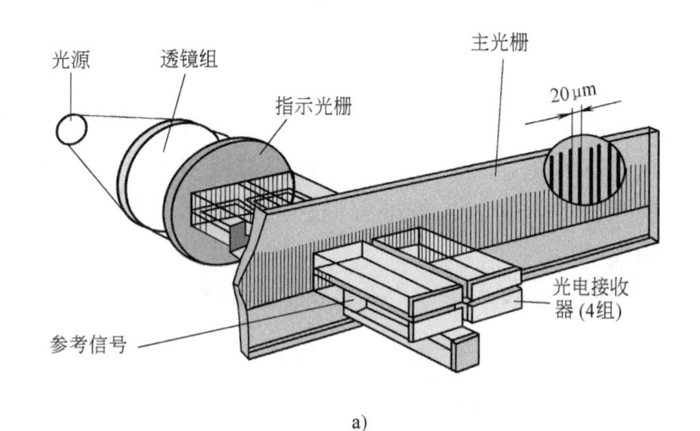

a)

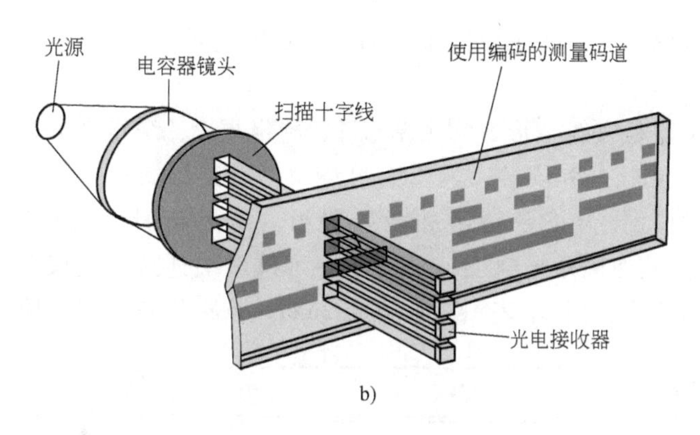

b)

图 5-13 海德汉光栅尺

a）海德汉 LS 系列增量式直线光栅尺 b）海德汉 LC 系列四码道绝对式直线光栅尺

3. 高精密的相位光栅尺 LIP281R

过去高精密的相位光栅尺（LIP300）由于刻制工艺限制而存在以下局限性：①最大移动速度为 30m/min；②最大测量长度为 300mm；③光栅尺上没有参考点。

海德汉公司最新发明的光刻测量技术，在相位光栅方面取得了重大突破（LIP281R，如图 5-14 所示），细分误差可小于 1nm。其主要的特点是：①海德汉光刻测量相位光栅，材质采用微晶玻璃陶瓷或玻璃机体，信号周期为 0.512μm；②精度等级为±1.0μm；③干涉式扫

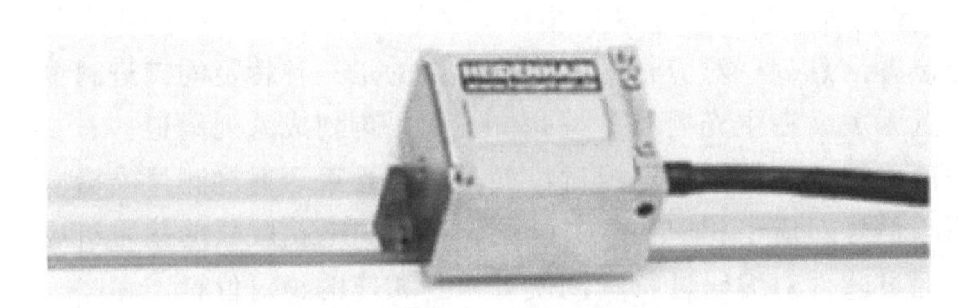

图 5-14 LIP 281R 相位光栅尺

描原理增量式直线光栅尺，测量步距可达 31.75pm；④测量长度可达 3040mm；⑤接口类型为 1Vpp/TTL/EnDat；⑥最大移动速度为 180m/min；⑦带参考点。

任务四 认识感应同步器

感应同步器是一种电磁式位置检测装置，按其结构特点一般分为直线式和旋转式两种。直线式感应同步器由定尺和滑尺组成；旋转式感应同步器由转子和定子组成。前者用于直线位移测量，后者用于角位移测量，它们的工作原理都与旋转变压器相似。感应同步器具有检测精度比较高、抗干扰性强、寿命长、维护方便、成本低、工艺性好等优点，广泛应用于数控机床及各类机床数控改造。

感应同步器一般由 1000~10000Hz、几伏到几十伏的交流电压励磁，输出电压一般不超过几毫伏。

一、感应同步器的分类和结构

感应同步器一般分为直线式感应同步器和旋转式感应同步器。

1. 直线式感应同步器

直线式感应同步器是直线条形，它由基板 1、绝缘层 2、绕组 3 和屏蔽层 4 组成，结构如图 5-15 所示。考虑到接长和安装，通常定尺绕组做成连续式单相绕组，滑尺绕组做成分段式的两相正交绕组，分为正弦绕组和余弦绕组。定尺与滑尺之间的间隙为 0.25mm±0.05mm。一般定尺安装在固定导轨上，长度不够可以多块连接。定尺与滑尺绕组相邻两有效导体之间的距离为节距，用 2τ 表示，常取为 2mm。节距代表了测量周期。

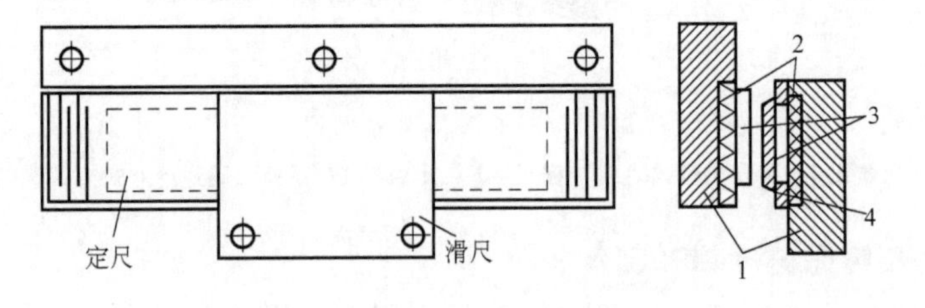

图 5-15 直线式感应同步器的结构

1—基板 2—绝缘层 3—绕组 4—屏蔽层

直线式感应同步器分为标致型、窄型、带型和三重型结构。三重型结构是在一根尺上有粗、中、精三种绕组，以便构成绝对测量系统。

定尺和滑尺的基板是由与机床线膨胀系数相近的钢板或铸铁制成的，钢板上用绝缘黏结剂贴以铜箔，并利用照相腐蚀的办法制成印刷绕组，定尺表面制有连续平面绕组。滑尺上制有两组分段绕组，分别称为正弦绕组（sin绕组）和余弦绕组（cos绕组），这两段绕组相对于定尺绕组在空间上错开1/4节距，定尺与滑尺平行安装，且保持一定间隙。工作时，当在滑尺两个绕组中的任一绕组上加励磁电压时，由于电磁感应，在定尺绕组中会感应出相同频率的感应电压，通过对感应电压的测量，可以精确地测量出位移量，如图5-16所示。

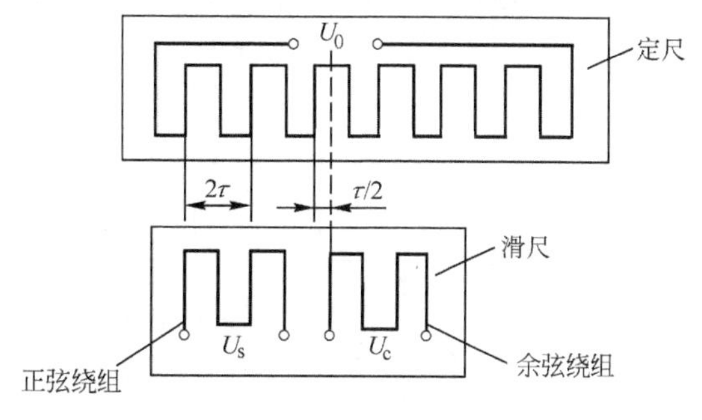

图5-16 直线式感应同步器的定尺和滑尺

2. 旋转式感应同步器

旋转式感应同步器的结构如图5-17所示。定子相当于直线式感应同步器的定尺，其上两个绕组也错开1/4节距，转子相当于滑尺，两者都用不锈钢、硬铝合金等材料作基板，绕组呈环形辐射状。定子和转子相对的一面均有导电绕组，绕组用铜箔构成（厚0.05mm）。基板和绕组之间有绝缘层。绕组表面还要加一层和绕组绝缘的屏蔽层（材料为铝箔或铝膜）。转子绕组为连续绕组；定子上有两相正交绕组（sin绕组和cos绕组），做成分段式，两相绕组交差分布，相差90°相位角。属于同一相的各相绕组用导线串联起来。

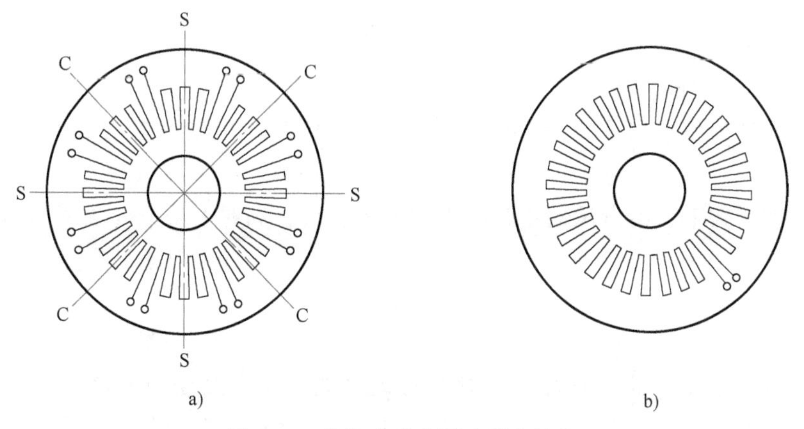

图5-17 旋转式感应同步器的结构

a）定子 b）转子

S—正弦绕组 C—余弦绕组

二、感应同步器的工作原理及工作方式

（一）感应同步器的工作原理

以直线式感应同步器为例，图5-18所示为滑尺在不同位置时定尺上的感应电压。在a点时，定尺与滑尺绕组重合，这时感应电压最大；当滑尺相对于定尺平行移动后，感应电压逐渐减小，在错开1/4节距的b点时，感应电压为零；再继续移至1/2节距的c点时，得到的电压值与a点相同，但极性相反；在3/4节距时到达d点，又变为零；再移动1/4节距到e点，电压幅值与a点相同。这样，滑尺在移动一个节距的过程中，感应电压变化了一个余

弦波形。由此可见，在励磁绕组中加上一定的交变励磁电压，感应绕组中会感应出相同频率的感应电压，其幅值大小随着滑尺移动按余弦规律变化。滑尺移动一个节距，感应电压变化一个周期。感应同步器就是利用感应电压的变化进行位置检测的。

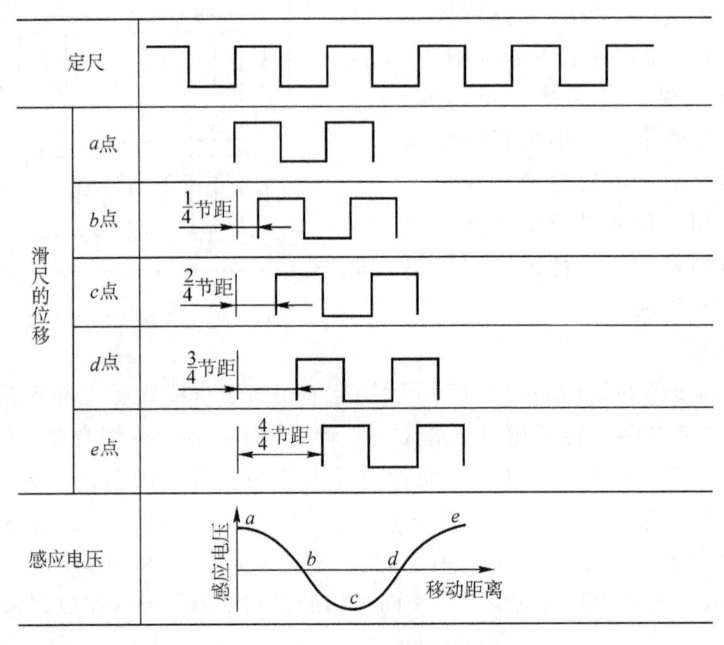

图 5-18 定尺绕组上的感应电压

（二）感应同步器的工作方式

感应同步器作为位置测量装置在数控机床上有两种工作方式：鉴相式和鉴幅式。

1. 鉴相式

在此种工作方式下，给滑尺的正弦绕组和余弦绕组分别通上幅值、频率相同，而相位差为 90°的交流电压，即

$$U_s = U_m \sin(\omega t)$$

$$U_c = U_m \cos(\omega t)$$

励磁信号将在空间产生一个以 ω 为频率移动的电磁波。磁场切割定尺导线，并在其中感应出电压，该电压随着定尺与滑尺位置的不同而产生超前或滞后的相位差 θ。

设感应同步器的节距为 2τ，滑尺直线位移量 x 和相位差 θ 之间的关系为

$$\theta = \frac{2\pi}{2\tau}x = \frac{\pi}{\tau}x$$

由此可知，在一个节距内 θ 与 x 是一一对应的，通过测量定尺感应电压的相位 θ，即可测出滑尺相对于定尺的位移 x。例如，定尺感应电压与滑尺励磁电压之间的相位角 $\theta = 18°$，在节距 $2\tau = 2\text{mm}$ 的情况下，表明滑尺移动了 0.1mm。

数控机床闭环系统采用鉴相型系统时，其结构如图 5-19 所示。误差信号 $\Delta\theta$ 用来控制数控机床的伺服驱动机构，使机床向清除误差的方向运动，构成位置反馈。指令相位 θ_1 由数控装置发出，机床工作时，由于定尺和滑尺之间产生了相对运动，则定尺上感应电压的相位发生了变化，其值为 θ_2。当 $\theta_1 \neq \theta_2$ 时，即感应同步器的实际位移与 CNC 装置给定指令位置

不相同，利用相位差作为伺服驱动机构的控制信号，控制执行机构带动工作台向减小误差的方向移动，直至 $\Delta\theta=0$ 才停止。

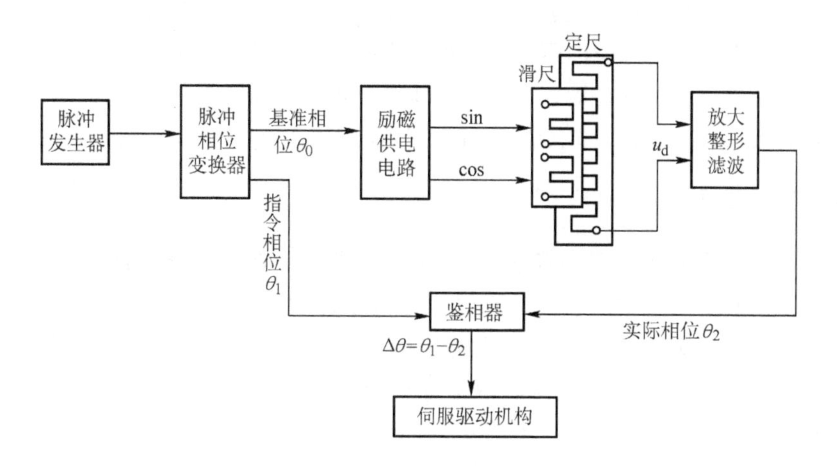

图 5-19 感应同步器相位工作方式

2. 鉴幅式

在此种工作方式下，给滑尺的正弦绕组和余弦绕组分别通上相位相同、角频率 ω 相同，但幅值不同的交流电压，并根据定尺上感应电压的幅值变化来测定滑尺和定尺之间的相对位移量。

定尺感应电压 U_0（也称为误差电压）与 $\sin(\omega t)$ 的幅值中 Δx 的大小成正比。幅值测量系统的基本原理是通过改变滑尺上正、余弦绕组的励磁电压幅值，使定尺、滑尺有任意相对位移时定尺绕组输出的感应电压均为零，即使 θ_1 跟随 θ 变化（$\theta_1=\theta$，$x_1=x$）。在幅值工作方式中，测出的 Δx 为滑尺相对定尺位移的增量，Δx 与 U_0 对应，当 U_0 超过事先设定的门槛电平时，就产生一个脉冲信号，同时对励磁信号 U_s、U_c 进行修正，通过对脉冲计数就可实现对位移的测量。图 5-20 所示为感应同步器在幅值工作方式的检测原理。定尺感应电压 U_0 经放大后进入误差变换器，输出一路为方向控制信号，另一路为实际脉冲值。输出脉冲

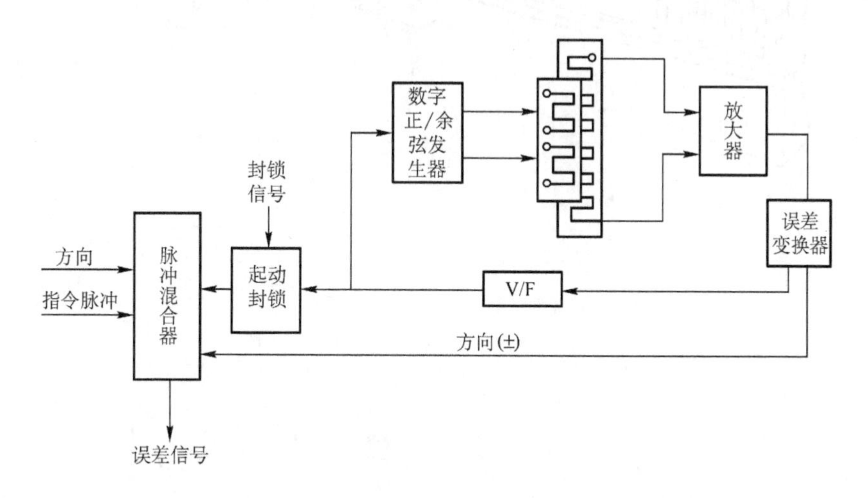

图 5-20 感应同步器在幅值工作方式的检测原理

一方面作为实际位移值被送到脉冲混合器，同时被送至正/余弦信号发生器，修正励磁信号。误差变换器环节还包含有门槛电路，门槛电平确定与系统的脉冲当量 δ 有关，当 $\delta=0.01\text{mm}$ 时，门槛电平应定在0.007mm，也就是使滑尺位移0.007mm后，产生的误差电压刚好达到门槛电平。一旦定尺上输出的感应电压越过门槛电平时，便有脉冲输出，该环节输出的脉冲一方面作为实际位移值送至脉冲混合器，另一方面作用于正、余弦绕组的指令脉冲与反馈脉冲进行比较，得出系统的位置误差，经信号变换后，控制伺服机构向减少误差的方向运动。

三、感应同步器的典型应用

感应同步器的定尺安装在移动部件的导轨上，其长度应大于被测件的长度；滑尺较短，安装在运动部件上。安装感应同步器时，两尺保持平行，两尺之间间隙为0.25mm±0.05mm，一般定尺每段长250mm。由于感应同步器工作条件较差，安装使用时应加强防护，最好使用防护带将尺面覆盖起来，以保证检测可靠。

直线感应同步器的安装如图5-21所示，图中定尺和滑尺组件分别由尺子和尺座组成，防护罩的功能是防止灰尘、油污以及切屑进入。通常将定尺尺座与固定导轨连接，滑尺尺座与移动部件连接。为保证检测精度，要求定尺侧素线与机床导轨基准面的平行度允差在全长内为0.1mm，滑尺侧素线与机床导轨基准面的平行度允差在全长内为0.02mm，定尺与滑尺接触的四角间隙一般不大于0.05mm（可用塞尺测量），定尺安装面挠曲度在250mm内应小于0.01mm。每当量程超过250mm时，需将多个定尺连接起来，此时应将连接后的定尺组件在全行程上的累积误差控制在允许范围内。

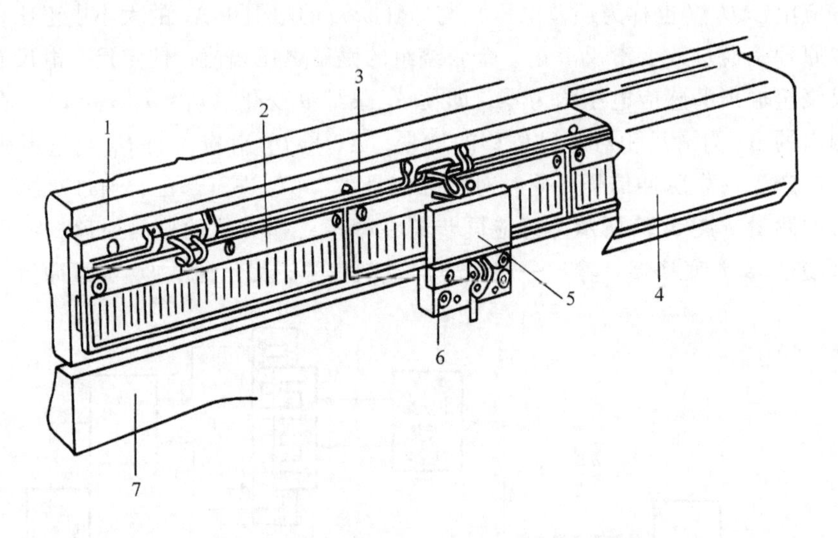

图5-21 直线感应同步器的安装

1—机床不动部件 2—定尺 3—定尺尺座 4—防护罩

5—滑尺 6—滑尺尺座 7—机床可动部件

习 题

1. 位置检测装置的基本要求有哪些？

2. 位置检测装置在数控机床控制中起什么作用?

3. 位置检测装置有哪些种类?各有何特点?

4. 何谓绝对式测量和增量式测量?何谓间接测量和直接测量?

5. 试说明莫尔条纹的放大作用。设光栅栅距为0.02mm,两光栅尺夹角为0.057°,则莫尔条纹的宽度为多少?

6. 光电编码器是如何对它的输出信号进行辨向和细分的?

7. 设一绝对编码盘有8个码道,求其能分辨的最小角度是多少?普通二进制码10110101对应的角度是多少?若要检测出0.005°的角位移,应选用多少个码道的编码盘?

8. 感应同步器各由哪些部件组成?判别相位工作方式和幅值工作方式的依据是什么?

项目六
数控系统中的PLC控制

项目描述

PLC 在机床的控制中发挥着重要作用。通过本项目的学习，可了解常用的 PMC 编程指令，掌握 FANUC0i-D 系统中 PMC 的典型功能及应用。

学习目标：

- PLC 的组成、分类及工作过程；
- 数控系统中 PLC 与 CNC、MT 之间的信息交换；
- FANUCPMC 的基本指令；
- 机床典型功能的应用与开发。

项目重点：

- 典型数控系统中 CNC 与 PLC 的信息交换方式；
- 内装型 PLC 的结构及信息通信；
- FANUC 系统中基本指令的应用。

项目难点：

- FANUC 系统中 PMC 参数的设置与调试；
- 典型数控系统控制功能的实现。

任务一　认识数控系统的 PLC

数控系统除了对机床各坐标轴的位置进行连续控制外，还需要对机床主轴正反转与起停、工件的夹紧与松开、切削液开关、刀具更换、工件及工作台交换、液压与气动以及润滑等辅助功能进行顺序控制。顺序控制的信息主要是 I/O 控制，如控制开关、行程开关、压力开关和温度开关等输入元件，控制继电器、接触器和电磁阀等输出元件，同时还包括主轴驱动和进给伺服驱动的使能控制以及机床报警处理等。可编程序控制器（PLC）则是典型的工业控制器，它能满足上述控制的要求。所谓顺序控制是按生产工艺要求，根据事先编制好的程序，在输入信号的作用下，控制系统的各个执行机构按一定规律自动实现动作的控制。这些功能的控制优劣将直接影响数控机床的加工精度、加工质量、生产效率及其稳定性。

数控系统内部信息流大致分为两类，一类是控制机床坐标轴运动的连续数字信息，另一类是通过 PLC 控制的辅助功能（M、S、T 等）信息，如图 6-1 所示。

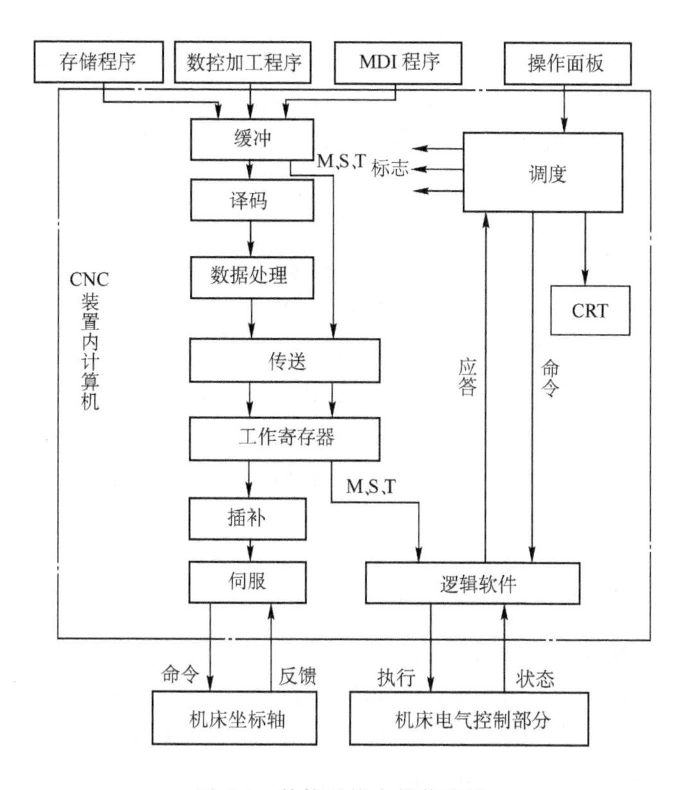

图 6-1 数控系统内部信息流

一、PLC 的基本结构

PLC 的种类型号很多，大、中、小型 PLC 的功能不尽相同，但它们的基本结构大体上是相同的，都是由中央处理单元（CPU）、存储器（RAM/ROM）单元、输入/输出（I/O）单元、编程单元、电源单元和外部设备等组成，并且内部采用总线结构，如图 6-2 所示。

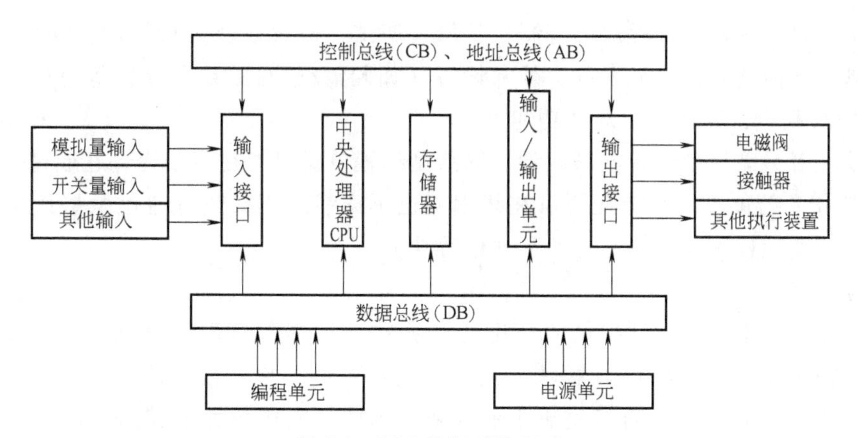

图 6-2 PLC 控制系统组成

1. 中央处理单元（CPU）

PLC 中的 CPU 与通用计算机中的 CPU 一样，是 PLC 的核心。CPU 按照系统程序赋予的功能，接收并存储从编程单元输入的用户程序和数据，用扫描方式查询现场输入状态以及各种信号状态或数据，并存入输入状态寄存器中，在诊断了 PLC 内部电路、编程语句和电源都正常后，PLC 进入运行状态。在 PLC 进入运行状态后，从存储器逐条读取用户程序，完成用户程序中的逻辑运算或算术运算任务。根据运算结果，更新标志位的状态和输出状态寄存器的内容，再由输出状态寄存器的位状态或数据寄存器的有关内容实现输出控制、数据通信和制表打印等功能。

PLC 实现的控制任务，主要是一些动作和速度要求不特别快的顺序控制，在一般情况下，不需要使用高速的微处理器。为了提高 PLC 的控制功能，通常采用多 CPU 控制方式，如用一个 CPU 管理逻辑运算及专用功能指令，用另一个 CPU 管理 I/O 接口和通信等功能。中、小型 PLC 常用 8 位或 16 位微处理器，大型 PLC 则采用高速单片机。

2. 存储器单元

PLC 存储器主要包括随机存储器（RAM）和只读存储器（ROM），用于存放用户程序、工作数据和系统程序。用户程序是指用户根据现场的生产过程和工艺要求而编写的应用程序，在修改调试完成后可由用户固化在 EPROM 中或存储在磁盘中。工作数据是 PLC 运行过程中需要经常存取，并且随时改变的一些中间数据，为了适应随机存取的要求，它们一般存放在 RAM 中。系统程序是指控制和完成 PLC 各种功能的程序，包括监控程序、模块化应用功能子程序、指令译码程序、故障诊断和各种管理程序等，这些程序出厂时由制造厂家固化在 PROM 型存储器中。可见，PLC 所用存储器基本上由 EPROM、RAM 和 PROM 三种形式组成，其存储容量随着 PLC 类别或规模的不同而改变。

3. 输入/输出（I/O）单元

I/O 单元是 PLC 与外部设备或现场 I/O 装置之间进行信息交换的桥梁。其功能是将 CPU 处理产生的控制信号输出并传送到被控设备或生产现场，驱动各种执行机构动作，实现实时控制；同时将被控设备或被控生产过程中产生的各种变量转换成标准的逻辑（数字）量信号，送入 CPU 处理。

4. 编程单元

编程单元是供用户进行程序的编制、编辑、调试、监视以及运行应用程序的特殊工具，一般由键盘、智能处理器、显示屏、外部设备（如硬盘/软盘驱动器等）等组成。它通过通信接口与 PLC 相连，完成人机对话功能。

编程单元分为简易型和智能型两种。简易型编程单元只能在线编程，它通过一个专用接口与 PLC 连接；智能型编程单元既可在线编程也可离线编程，还可通过微型计算机接口或打印机接口，实现程序的存储、打印、通信等功能。

5. 电源单元

电源单元的作用是将外部提供的交流电转换为 PLC 内部所需的直流电。一般地，电源单元有三路输出，一路供给 CPU 模块使用；一路供给编程单元接口使用；还有一路供给各种接口模板使用。由于 PLC 直接用于工业现场，因此对电源单元的技术要求高，不但要求它提供稳定的工作电源，而且还要有过电流和过电压保护功能，以及较好的电磁兼容性能，以适应电网波动和温度变化的影响，防止在电压突变时损坏 CPU。

图 6-3 所示为西门子 SIMATIC S7-1200 型可编程序控制器。

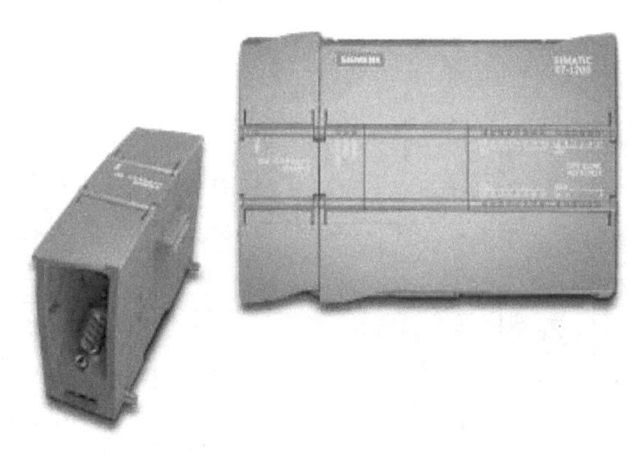

图 6-3 SIMATIC S7-1200 型可编程序控制器

二、PLC 的特点

1. 可靠性高

由于 PLC 针对恶劣的工业环境设计，在硬件和软件方面均采取很多有效措施来提高其可靠性。在硬件方面采取光电隔离、滤波、屏蔽等措施，在软件方面采取故障自诊断、信息保护与恢复等措施，因此 PLC 可以直接应用于工业现场。

2. 灵活性好

PLC 通常采用积木式结构，便于 PLC 与数据总线的连接，产品具有系列化、通用化特点，稍作修改就可将其应用于不同的控制对象。

3. 编程简单

PLC 沿用了梯形图编程简单的优点，易于现场操作人员理解和掌握。

4. 与现场信号直接连接

针对不同的现场信号（如开关量与模拟量、脉冲或电位、直流或交流、电压或电流、弱电或强电等），有相应的输入和输出模块可与现场的工业器件（如按钮、行程开关、电磁阀、控制阀、传感器、电动机起动装置）直接相连，并通过数据总线与微处理器模块相连接。

5. 安装简单，维修方便

PLC 对环境的要求不高，使用时只需将执行设备及检测器件与 PLC 的 I/O 端子连接无误，系统即可工作。PLC 使用中，80%以上的故障均出现在外围的输入/输出设备上，能够实现快速准确地诊断故障。目前已能达到 10min 内排除故障，恢复生产。

6. 网络通信

利用 PLC 的网络通信功能可实现计算机网络控制。

三、PLC 的工作过程

PLC 的工作过程是在硬件的支持下运行软件的过程，如图 6-4 和图 6-5 所示。

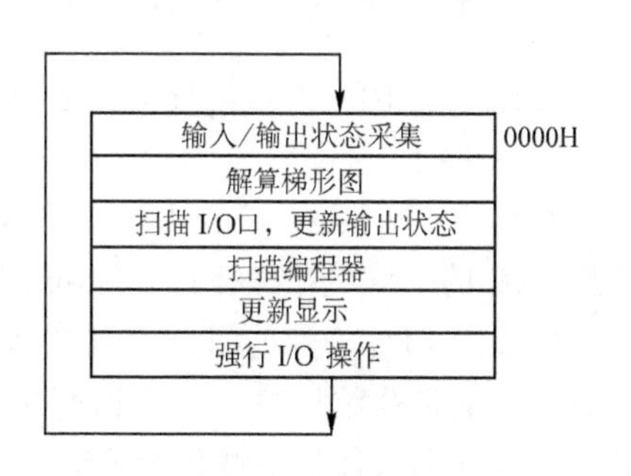

图 6-4 PLC 的 CPU 扫描过程

通过编程单元将用户程序顺序输入用户存储器，CPU 对用户程序循环扫描并顺序执行，这是 PLC 的

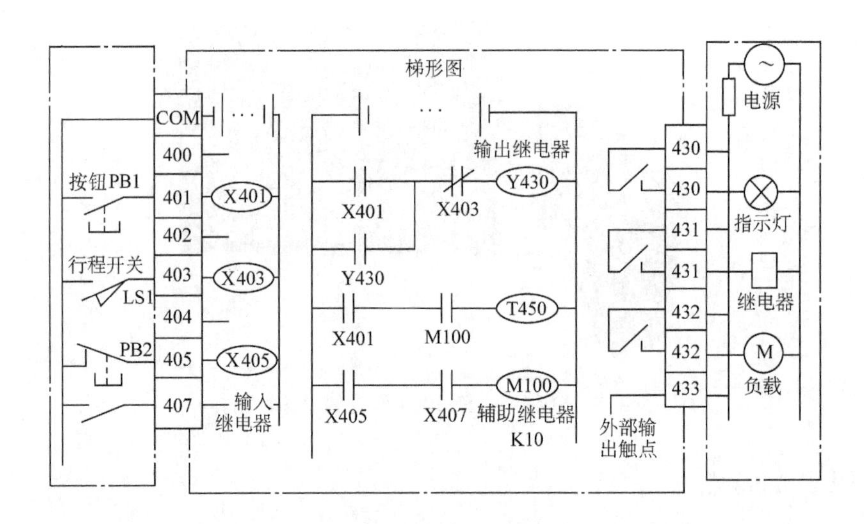

图 6-5 PLC 的控制过程

基本工作方式。图 6-4 给出了 GE 系列 PLC 的 CPU 扫描过程。只要 PLC 接通电源，CPU 即对用户存储器内的程序进行扫描。每扫描一次，CPU 进行输入/输出状态采集、用户程序的逻辑解算、相应输出状态的更新和 I/O 执行。接入编程单元时，也对编程单元的输入产生响应，并更新其显示。然后 CPU 对自身的硬件进行快速自检，并对监视扫描用定时器进行复位。完成自检后，CPU 又从存储器的 0000H 地址重新开始扫描运行。

图 6-5 所示为一个行程开关 PB1 被按下时 PLC 的控制过程。

1）按下 PB1，输入继电器 X401 的线圈接通。

2）X401 常开触点闭合，输出继电器 Y430 通电。

3）外部输出点 Y430 闭合，指示灯亮。

4）释放 PB1，输入继电器 X401 的线圈不再工作，其对应的触点 X401 断开，这时输出继电器 Y430 仍保持接通，这是因为 Y430 的触点接通后，其中的一个触点起到了自锁作用。

5）当行程开关 LS1 被按下时，继电器 X403 的线圈接通，X403 的常闭触点断开，使得继电器 Y430 的线圈断电，指示灯灭，输出继电器 Y430 的自锁功能复位。

6）PB1 被按下的同时，X401 的另一个常开触点接通另一个梯级，这时若触点 M100 也处于闭合状态，则定时器通电，到达定时器设定的时间后，定时器断开。

四、数控系统中 PLC 的分类

数控系统中的 PLC 可分为内装型 PLC 和独立型 PLC 两种类型。

1. 内装型 PLC

内装型 PLC 是指 PLC 内置于 CNC 装置，从属于 CNC 装置，与 CNC 装置集于一体。内装型 PLC 的 CNC 系统框图如图 6-6 所示。

内装型 PLC 的性能指标（如输入/输出点数、程序扫描时间、每步执行时间、程序最大步数、功能指令数目等）是根据所从属的 CNC 系统的规格、性能、适用机床的类型等确定的。其硬件和软件都是被作为 CNC 系统的基本功能与 CNC 系统统一设计制造的，因此系统结构十分紧凑。

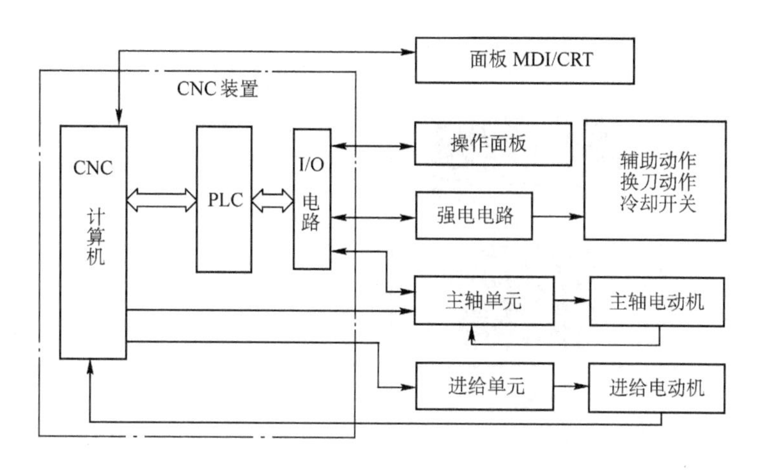

图 6-6 内装型 PLC 的 CNC 系统框图

在系统的结构上，内装型 PLC 可与 CNC 共用一个 CPU，如图 6-7a 所示；也可单独使用一个 CPU，如图 6-7b 所示。内装型 PLC 一般单独制成一个电路板，插装到 CNC 主板的插座上，PLC 与所从属 CNC 系统之间的信号传送均在其内部进行，不单独配置 I/O 接口，而是使用 CNC 系统本身的 I/O 接口，PLC 控制部分及部分 I/O 电路所用电源由 CNC 系统提供。

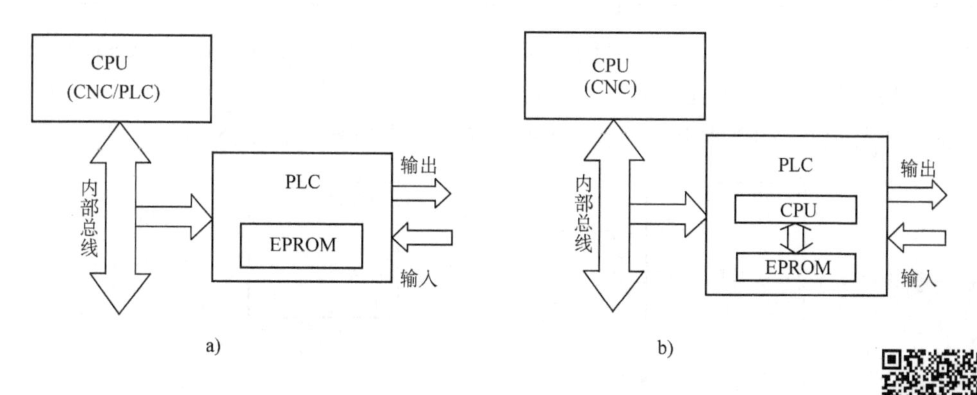

图 6-7 内装型 PLC 中的 CPU

a）PLC 与 CNC 共用 CPU b）PLC 具有专用 CPU

FANUC I/O 装置

FANUC 数控系统常用 I/O 单元见表 6-1。

表 6-1 FANUC 数控系统常用 I/O 单元

名称	说明	手摇脉冲发生器	信号点数(输入/输出)
I/O 单元		有	96/64

（续）

名称	说明	手摇脉冲发生器	信号点数(输入/输出)
机床控制面板		有	96/64
操作盘 I/O 单元		有	48/32
分线盘 I/O 单元		有	96/64
I/O Link 轴单元		无	128/128

PMC 信号与外围设备信号之间的转换，均通过 I/O 单元的 CB104、CB105、CB106、CB107 四个接口进行，如接近开关、电磁阀、压力开关等信号。连接数控系统与 I/O 单元的电缆为高速串行电缆（JD1A-JD1B），I/O 单元连接框图如图 6-8 所示。

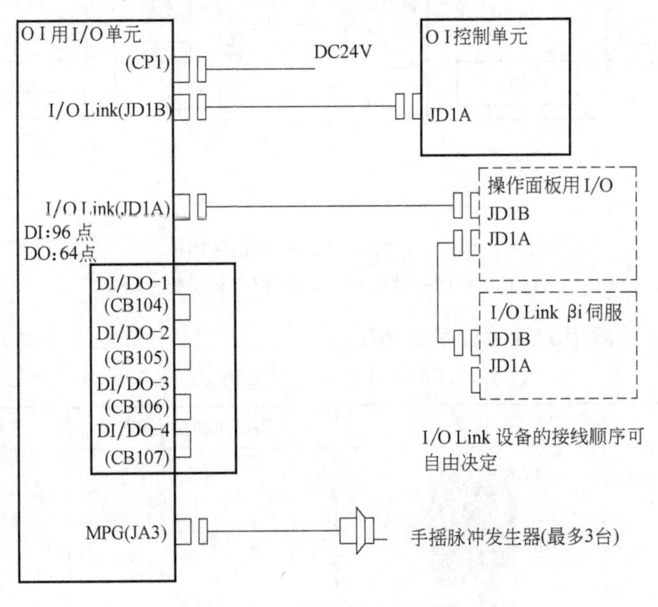

图 6-8 I/O 单元连接框图

2. 独立型 PLC

独立型 PLC 是完全独立于 CNC 系统、具有完备的硬件和软件功能、能够独立完成 CNC 系统规定控制任务的装置。独立型 PLC 的 CNC 系统框图如图 6-9 所示。

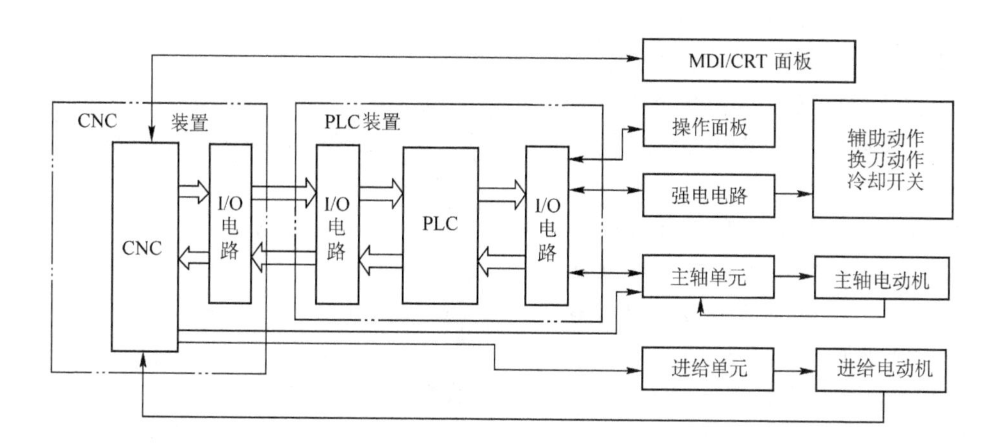

图 6-9 独立型 PLC 的 CNC 系统框图

独立型 PLC 的基本功能结构与通用型 PLC 相同。

由图 6-9 可见，独立型 PLC 的 CNC 系统中不但要进行机床侧的 I/O 连接，而且还要进行 CNC 系统侧的 I/O 连接，CNC 和 PLC 均具有各自的 I/O 接口电路。独立型 PLC 一般采用模块化结构，装在插板式机笼内，I/O 点数和规模可通过 I/O 模块的增减灵活配置。对于数控车床、数控铣床和加工中心等单台设备，选用微型或小型 PLC；对于 FMC、FMS、FA、CIMS 等大型数控系统，则需要选用中型或大型 PLC。

独立型 PLC 造价较高，其性能价格比不如内装型 PLC。

总体来说，内装型 PLC 多用于单微处理器的 CNC 系统中，而独立型 PLC 主要用于多微处理器的 CNC 系统中。但它们的作用是相同的，都是配合 CNC 系统实现刀具的轨迹控制和机床顺序控制。

任务二 数控系统中 PLC 的信息交换

由数控系统的组成可以看出，典型的 CNC 系统含有 CNC 装置和 I/O 模块。CNC 装置完成进给插补、主轴控制和监控管理等，而 I/O 模块主要进行 PLC 逻辑处理。数控系统中的 PLC 处理功能往往更强，需要处理机床控制编程的功能指令。下面以 FANUC 0i-D/0i mate D 系统为例，介绍数控系统中的信息交换内容及机床主要功能实现。

FANUC 系统包括 CNC 控制器和 PLC，但 FANUC 公司把 PLC 称为 PMC（Programmable Machine Controller），其主要原因是通常的 PLC 主要用于一般的自动化设备，一般具有输入、与、或、输出、定时、计数等功能，但是缺少便于机床控制编程的功能指令，如快捷找刀、译码指令、报警指令等，而 FANUC 数控系统中的 PLC 除了具有一般 PLC 的逻辑功能外，还专门设计有便于用户使用的针对机床控制的功能指令，故 FANUC 数控系统中的 PLC 称为 PMC（可编程机床控制器）。

为了讨论 CNC、PLC 和 MT 各机械部件、机床辅助装置、强电线路之间的关系，通常将数控机床分为 NC 侧和 MT 侧（机床侧）两大部分。NC 侧包括 CNC 系统的硬件、软件以及与 CNC 系统连接的外部设备。MT 侧包括机床机械部分及其液压、气压、润滑、冷却、排屑等辅助装置，机床操作面板、继电器线路和机床强电线路等。PLC 处于 CNC 和 MT 之间，对 NC 侧和 MT 侧的输入/输出信号进行处理。

各地址类型的相互关系如图 6-10 所示。由图 6-10 可以看出，以 PMC 为控制核心，输入到 PMC 的信号有 X 地址信号和 F 地址信号，从 PMC 输出的信号有 Y 地址信号和 G 地址信号。PMC 本身还有内部继电器 R 地址信号、计数器 C 地址信号、定时器 T 地址信号、保持继电器 K 地址信号、数据表 D 地址信号以及信息显示 A 地址信号等。要弄懂数控系统，必须了解系统中 PMC 所起的重要作用。PMC 与 CNC、PMC 与机床（MT）、CNC 与机床（MT）之间的关系如图 6-11 所示。

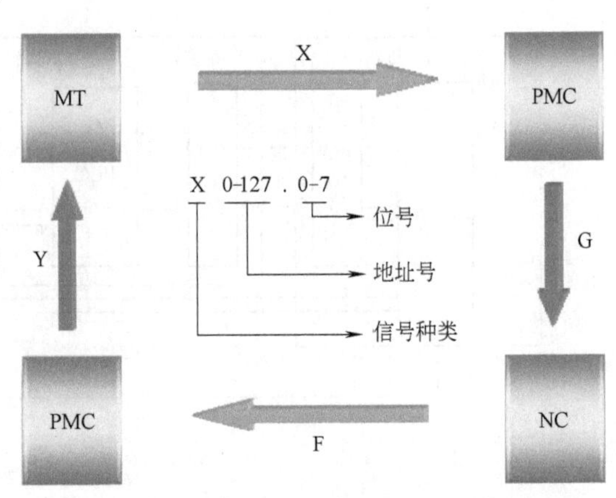

图 6-10 FANUC 系统各地址间的类型关系

从图 6-11 可以看出：

1）CNC 是数控系统的核心，机床上的 I/O 要与 CNC 交换信息，要通过 PMC 才能完成信号处理，PMC 起着机床与 CNC 之间桥梁的作用。

2）机床本体上的信号进入 PMC，输入信号为 X 地址信号，输出到机床本体的信号为 Y 地址信号，因内置 PMC 和外置 PMC 不同，地址的编排和范围有所不同。机床本体输入/输出地址分配和信号含义原则上由机床厂确定。

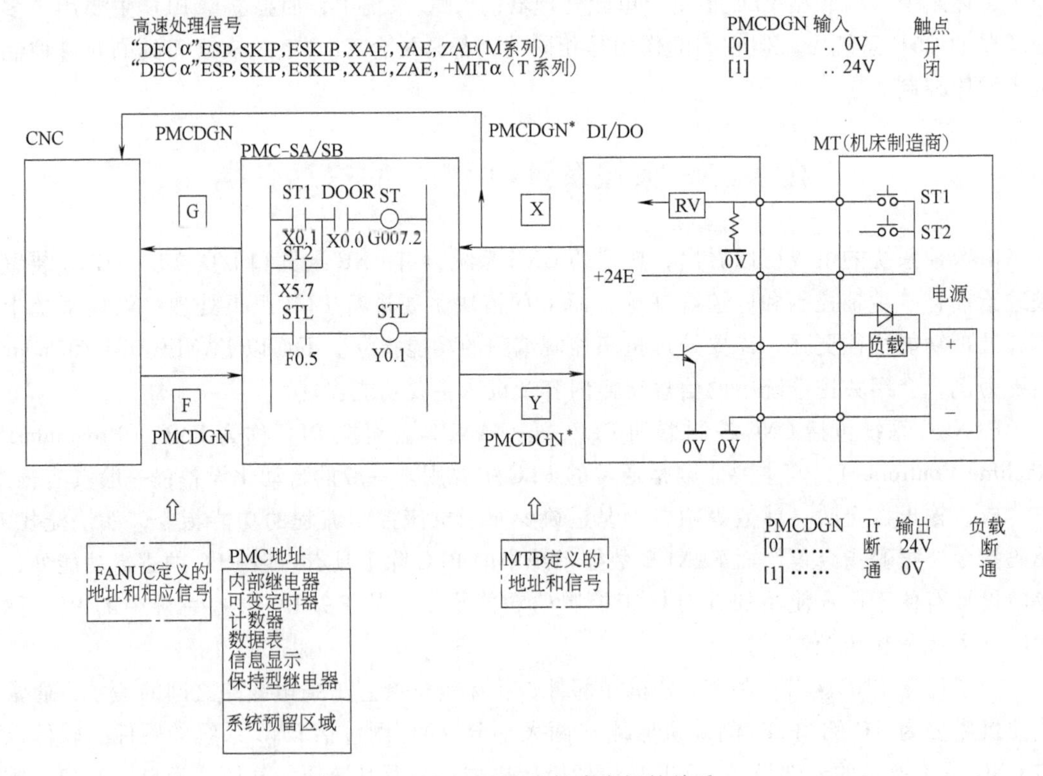

图 6-11 CNC 与 PMC 和机床之间的关系

3）根据机床动作要求编制 PMC 程序，由 PMC 送给 CNC 的信号为 G 地址信号，CNC 处理结果产生的标志位为 F 地址信号，直接用于 PMC 逻辑编程，各具体信号的含义可以参考 FANUC 有关技术资料。G 地址信号和 F 地址信号的含义由 FANUC 公司指定。

4）PMC 本身还有内部地址，如内部继电器地址、可变定时器地址、计数器地址、数据表地址、信息显示地址、保持继电器地址等，在需要时可以把 PMC 作为普通 PLC 使用。

5）机床本体上的一些开关量通过接口电路进入系统，大部分信号进入 PMC 参与逻辑处理，处理结果送给 CNC（G 地址信号）；还有一部分高速处理信号如* DEC（减速）、* ESP（急停）、SKIP（跳转）等直接进入 CNC，由 CNC 来处理相关功能。CNC 输出控制信号为 F 地址信号，该信号根据需要参与 PMC 编程。

理解图 6-11 对掌握 FANUC 数控系统的应用和维修方法很重要。要维修与 I/O 逻辑有关的故障，首先要理解控制对象（机床）的动作要求，列出与故障有关的机床本体输入/输出信号（X 地址信号和 Y 地址信号），以及各个信号的作用和电平要求。

其次，要了解 PMC 和 CNC 之间 G 地址信号和 F 地址信号的时序和逻辑要求，根据机床动作要求，分清哪些信号需要进入 CNC（G 地址信号），哪些信号从 CNC 输出（F 地址信号），哪些信号需要参与编制逻辑程序。

最后，在理解机床动作的基础上，了解 PMC 编程指令，熟练操作 PMC 有关页面进行诊断分析。

不同数控系统中，CNC 与 PLC 之间的信息交换方式、功能强弱差别很大，但其最基本的功能是 CNC 将所需执行的 M、S、T 功能代码送到 PLC，由 PLC 控制完成相应的动作，然后再由 PLC 送给 CNC 完成信号 FIN。

任务三 数控系统中的 PLC 控制功能实现

数控系统中的很多功能，如机床操作面板、辅助功能（M、S、T）、机床外部报警等都依靠数控系统的 PLC 编程来实现，本任务以 FANUC 系统为例，介绍典型机床的 PMC 控制功能的实现。

一、FANUC 系统 PMC 规格介绍

FANUC 系统 PMC 有 PMC-0i-D/0i Mate D、PMC-SB7、PMC-A、PMC-B、PMC-C、PMC-D、PMC-GT 和 PMC-L 等多种型号，它们分别适用于不同的 FANUC 系统，组成内装型的 PLC。

表 6-2 描述了 FANUC 0i-D 系列 PMC 的规格。

表 6-2 FANUC 0i-D 系列 PMC 的规格

功能	规格	
	0i-D PMC	0i-D PMC/L 0i Mate D PMC/L
编程语言	梯形图	
梯形图级别数	3	2
第一级执行周期	8ms	

（续）

功能		规格	
		0i-D PMC	0i-D PMC/L 0i Mate D PMC/L
基本指令处理速度		25ns/步	1μs/步
程序容量	梯形图	最大约 32000 步	最大约 8000 步
	符号/注释	1KB	1KB
	信息	8KB	8KB
指令	基本指令	14 个	14 个
	功能指令	93 个	92 个
扩展指令	基本指令	24 个	24 个
	功能指令	218 个	217 个
CNC 接口	输入(F)	768B×2	768B
	输出(G)	768B×2	768B
I/OLink 最大信号点数		2048/2048	1024/1024
符号/注释	符号字符数	40 个字符	
	注释字符数	255 个字符	
程序保存区(F-ROM)		最大 384KB	128KB

需要注意的是：

1）最大步数是假定使用基本指令编程。最大步数取决于所使用的功能指令的状态。

2）总的 PMC 程序大小（包括所有的梯形图，符号/注释和信息）一定不能超出 PMC 的存储容量。如果梯形图、符号/注释、信息中任意一个超出了，其他的允许容量就要受限制。

二、FANUC 系统 PMC 地址介绍

从表 6-3 中可以看出，不同的系统类型配置的 PMC 软件版本不同，PMC 的地址范围也不同，但是 FANUC 数控系统 PMC 地址含义是一样的。

表 6-3 FANUC 0i-D 系列 PMC 地址

地址符号	地址含义	地址范围	
		0i-D PMC	0i-D PMC/L 0i Mate D PMC/L
X	机床给 PMC 的输入信号(MT 到 PMC)	X0~X127	
Y	PMC 输出给机床的信号(PMC 到 MT)	Y0~Y127	
F	NC 给 PMC 的输入信号(NC 到 PMC)	F0~F767	F0~F255
G	PMC 输出给 NC 的信号(PMC 到 NC)	G0~G767	G0~G255
T	可变定时器	T0~T499 T9000~T9499	T0~T79 T9000~T9079
C	计数器	C0~C399 C5000~C5199	C0~C79 C5000~C5039
K	保持继电器	K0~K99 K900~K999	K0~K19 K900~K999

（续）

地址符号	地址含义	地址范围	
		0i-D PMC	0i-D PMC/L 0i Mate D PMC/L
D	数据表	D0～D9999	D0～D2999
A	信息显示请求信号	A0～A249 A9000～A9249	A0～A24 A9000～A9249
R	内部继电器	R0～R7999	R0～R7999

1. 内部继电器（R 地址）

内部继电器上电时被清零，用于 PMC 临时存取数据。FANUC 0i-D 系统的 PMC 中，R 地址范围见表 6-4。R9000～R9499 为系统管理继电器，有特殊含义。

表 6-4 FANUC 0i-D 系统 PMC 中 R 地址范围

类型	地址范围	#7	#6	#5	#4	#3	#2	#1	#0
用户地址	R0～R7999	用于 PMC 临时存取数据							
系统管理	R9000～R9499	PMC 程序系统保留区域							

2. 信息显示请求信号（A 地址）

信息显示请求信号为 1 时，对应的信息内容被显示。上电时，信息显示请求信号为 0。FANUC 0i-Mate-D 系统信息显示请求字节数为 25（A0～A24），信息显示个数为 200。

3. 定时器（T 地址）

定时器用于 TMR 功能指令设置时间，是非易失性存储区。T0～T499 共 500 字节，每 2 个字节存放 1 个定时器的定时设置值，定时器号为 1～250。

系统默认 1～8 号定时器精度为 48ms。定时器数据设置页面如图 6-12 所示。T9000～T9499

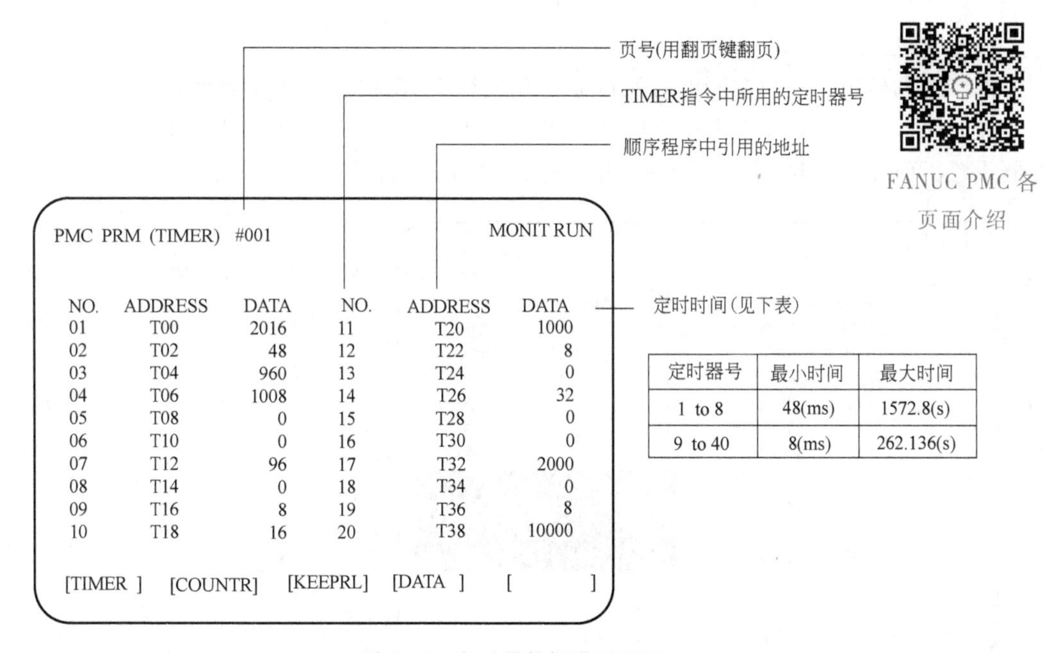

图 6-12 定时器数据设置页面

为可变定时器精度设定区域，分别对应 1~250 号可变定时器。

4. 计数器（C 地址）

计数器用于 CTR 指令和 CTRB 指令计数器功能，是非易失性存储区。可变计数器地址范围为 C0~C399，共 400 字节，可变计数器个数为 100 个，每 4 个字节存放 1 个计数器的数值，其中 2 个字节存放计数器预置值，2 个字节存放计数器当前值。计数器数据设置页面如图 6-13 所示。C5000~C5199 为固定计数器区域，每 2 个字节存放 1 个计数器值。固定值计数器共 100 个。

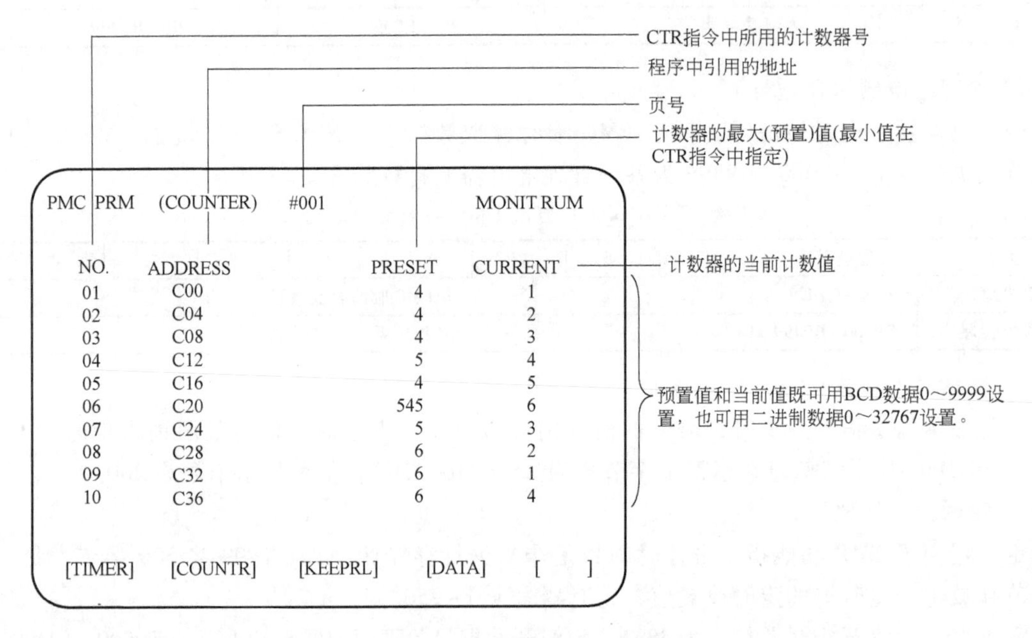

图 6-13 计数器数据设置页面

5. 保持继电器（K 地址）

保持继电器用于用户在断电时保持地址和进行 PMC 软件功能参数设置，每一位都有特殊含义。保持继电器是非易失性存储区，用户地址范围为 K0~K99，共有 100 字节。保持继电器设置页面如图 6-14 所示。K900~K999 用于 PMC 软件功能参数设置。

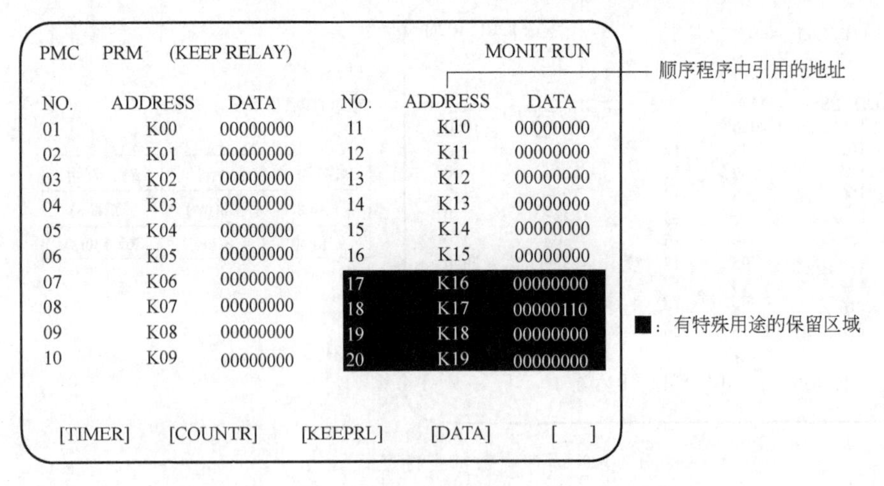

图 6-14 保持继电器（K 地址）设置页面

6. 数据表（D 地址）

PMC 程序有时候需要一定量的区域存放数据，数据表就是用来存放数据的区域。数据表包括控制数据表和多个存取数据表。控制数据表控制存取数据用于数据表格式（二进制还是 BCD 码）和存取数据大小。控制数据表的参数必须在存取数据表存取数据前设定。数据表地址也是非易失性存储区，FANUC 0i-D 系统 PMC 中存取数据表地址共有 10000 字节（D0～D9999）。数据表数据设置页面如图 6-15 所示。

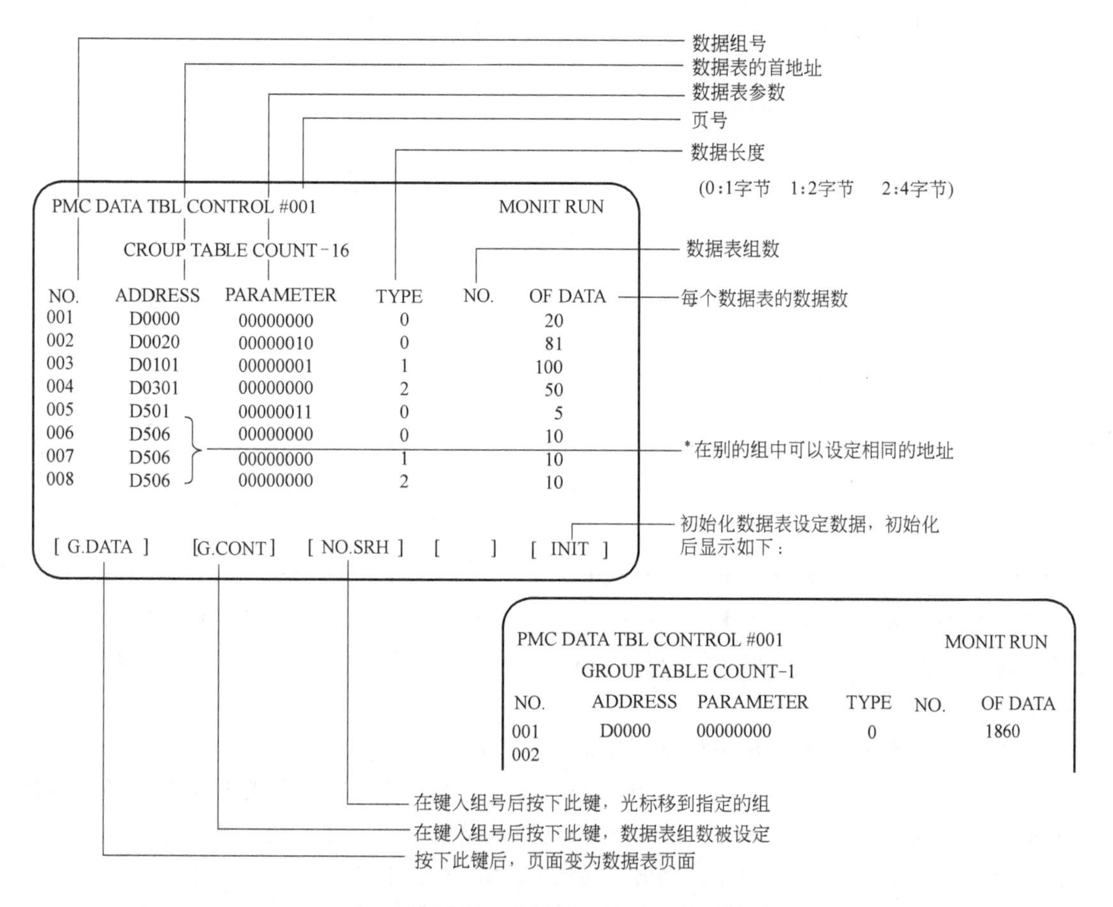

图 6-15　数据表数据（D 地址）设置页面

7. 输入/输出地址（X 地址和 Y 地址）

由于系统和配置的 PMC 软件版本不同，所以 I/O 模块地址范围不同。以 FANUC 0i-D 数控系统为例，I/O 模块都是外置的。对典型数控机床来讲，输入/输出信号主要有以下三类。

（1）数控机床操作面板开关输入和状态指示（X 地址信号和 Y 地址信号）　不管选用 FANUC 标准操作面板还是选用用户自行设计的操作面板，数控机床操作面板主要功能内容都差不多。数控机床操作面板一般包括以下内容：

1）操作方式开关和状态灯，如自动、手动、手轮、返回参考点、编辑、DNC、MDI 等。

2）编程检测键和状态灯，如单段、空运行、轴禁止、选择性跳跃等。

3）手动主轴正转、反转、停止和状态灯以及主轴倍率开关。

4）手动进给轴方向及快进键。

5）冷却控制开关和状态灯。

6）手轮轴选择和手轮倍率（*1、*10、*100、*1000）。

7）手轮和自动进给倍率。

8）急停按钮。

9）其他开关。

（2）数控机床本体输入信号（X 地址信号） 数控机床本体输入信号一般有每个进给轴减速开关信号、超程开关信号、机床功能部件上的开关信号。部分特殊固定地址定义见表 6-5（需要注意的是，标注*的为低电平有效）。

表 6-5 FANUC 系统的 PMC 固定地址输入信号

地址	#7	#6	#5	#4	#3	#2	#1	#0
X0004(T)	SKIP	ESKIP	-MIT2	+MIT2	-MIT1	+MIT1	ZAE	XAE
	跳转信号		刀具预调仪				测量信号到达信号	
X0004(M)	SKIP	ESKIP				ZAE	YAE	XAE
	跳转信号					测量信号到达信号		
X0008				*ESP				
				急停				
X0009	*DEC8	*DEC7	*DEC6	*DEC5	*DEC4	*DEC3	*DEC2	*DEC1
	回参考点参考信号							

（3）数控机床本体输出信号（Y 地址信号） 数控机床本体输出信号一般有冷却泵控制信号、润滑泵控制信号、主轴正转/反转（模拟主轴）控制信号、机床功能部件上执行负载控制信号等。

8. PMC 与 CNC 之间的信号地址（G 地址和 F 地址）

G 地址和 F 地址是由 FANUC 公司规定的。需要 CNC 实现某一个逻辑功能，必须编制 PMC 程序，并将结果送给 G 地址，由 CNC 实现对伺服电动机和主轴电动机等的控制；CNC 当前运行状态需要参与 PMC 程序控制时，可通过读取 F 地址实现。

在 FANUC 数控系统中，CNC 与 PMC 之间的接口信号随着系统信号和功能不同而不同，但它们有一定的共性和规律。各信号也经常用符号表示，如，*ESP 表示地址为 G8.4 的位信号。加“*”表示低电平（0）有效，平时要使该信号为高电平（1）。常用 FANUC 系统的 PMC 标准地址信号（G/F 信号）见表 6-6。

表 6-6 常用 FANUC 系统的 PMC 标准地址信号（G/F 信号）

地址含义	T 系列	M 系列
自动循环启动:ST	G7.2	
进给暂停:*SP	G8.5	
方式选择:MD1,MD2,MD4	G43/0,1,2	
进给轴方向:+J1,+J2,+J3,+J4,-J1,-J2,-J3,-J4	G100/0,1,2,3	G102/0,1,2,3
手动快速进给:RT	G19.7	

（续）

地址含义	T 系列	M 系列
手摇进给轴选择/快速倍率:HS1A-JS1D	G18/0,1,2,3	
手摇进给轴选择/空运行:DRN	G46.7	
手摇进给/增量进给倍率:MP1,MP2	G19/4,5	
单程序段运行:SBK	G46.1	
程序段选跳:BDT	G44/0;G45	
零点返回:ZRN	G43.7	
机床锁住:MLK	G44.1	
急停:* ESP	G8.4	
进给暂停中:SPL	F0.4	
自动循环启动灯:STL	F0.5	
回参考点结束:ZP1,ZP2,ZP3,ZP4	F94/0,1,2,3	
进给倍率:* FV0~* FV7	G12	
手动进给倍率:* JV0~* JV15	F79,F80	
进给轴分别锁住:* IT1~* IT4	G130/0,1,2,3	
各轴各方向锁住: +MIT1~+MIT4;-MIT1~-MIT4	X0004/2~5	G132/0,1,2,3 G134/0,1,2,3
启动锁住:STLK	G7.1	
进给锁住:* IT	G8.0	
辅助功能锁住:AFL	G5.6	
M 功能代码:M00~M31	F10~F13	
M00,M01,M02,M30 代码	F9/4,5,6,7	
M 功能(读 M 代码):MF	F7.0	
进给分配结束:DEN	F1.3	
S 功能代码:S00~S31	F22~F25	
S 功能(读 S 代码):SF	F7.2	
T 功能代码:T00~T31	F26~F29	
T 功能(读 T 代码):TF	F7.3	
辅助功能结束信号 MFIN	G5.0	
刀具功能结束信号 TFIN	G5.3	
结束:FIN	G4.3	
倍率无效:OVC	G6.4	
外部复位:ERS	G8.7	
复位:RST	F1.1	
NC 准备好:MA	F1.7	
伺服准备好:SA	F0.6	
自动(存储器)方式运行:OP	F0.7	

（续）

地址含义	T 系列	M 系列
程序保护:KEY	F46/3,4,5,6	
进给轴硬超程:* +L1～* +L4;* -L1～* -L4(16)	G114/0,1,2,3 G116/0,1,2,3	
位置跟踪:* FLWU	G7.5	
位置误差检测:SMZ	G53/6	—
手动绝对值:* ABSM	G6.2	
螺纹倒角:CDZ	G53/7	—
系统报警:AL	F1.0	
电池报警:BAL	F1.2	
串行主轴转速到达:SAR	G29.4	
串行主轴停止转动:* SSTP	G29.6	
串行主轴定向:SOR	G29.5	
主轴转速倍率:SOV0～SOV7	G30	
串行主轴正转:SFRA	G70.5	
串行主轴反转:SRVA	G70.4	
S12 位代码输出:R01O～R12O	F36;F37	
S12 位代码输入:R01I～R12I	G32;G33	
机床就绪:MRDY(参数设)	G70.7	
串行主轴急停:* ESPA	G71.1	

三、FANUC 系统 PMC 周期

FANUC 数控系统 PMC 分为高速扫描区（LEVEL1，第一级）和通常顺序扫描区（LEVEL2，第二级），并用功能指令 END1 和 END2 分别结束两个区域的程序，某些版本的 PMC 使用 END3 处理中断级别更低（LEVEL3，第三级）的程序。

PMC 的分级原则是；将一些与安全相关的信号放入高速扫描区域，如急停处理、轴互锁等；将其他逻辑程序放在通用顺序扫描区，如果版本功能具有 END3，则将 PMC 报警显示放到第三级中。

如图 6-16 所示，第一级：每 8ms（PMC 的最短执行时间）执行一次扫描，PMC-SB7 基本指令执行时间为：0.033μs/步。

第二级：第一级结束（读取 END1）后继续执行。

但是，通常第二级的步数较多，在第 1 个 8ms 中不能全部处理完，所以在每个 8ms 内顺序执行第二级的一部分，直至执行到第二级的终了（读取 END2），在其后的 8ms 时间内再次从第二级的开头重复执行。

需要关注的是，不同版本的 PMC 处理梯形图的能力和速度是不同的，不同版本的 PMC 也不能轻易相互替代，必须做必要的代码转换，在维修调试和日常数据备份时应有所了解，如果处理不当，会导致 PMC 无法正常工作。

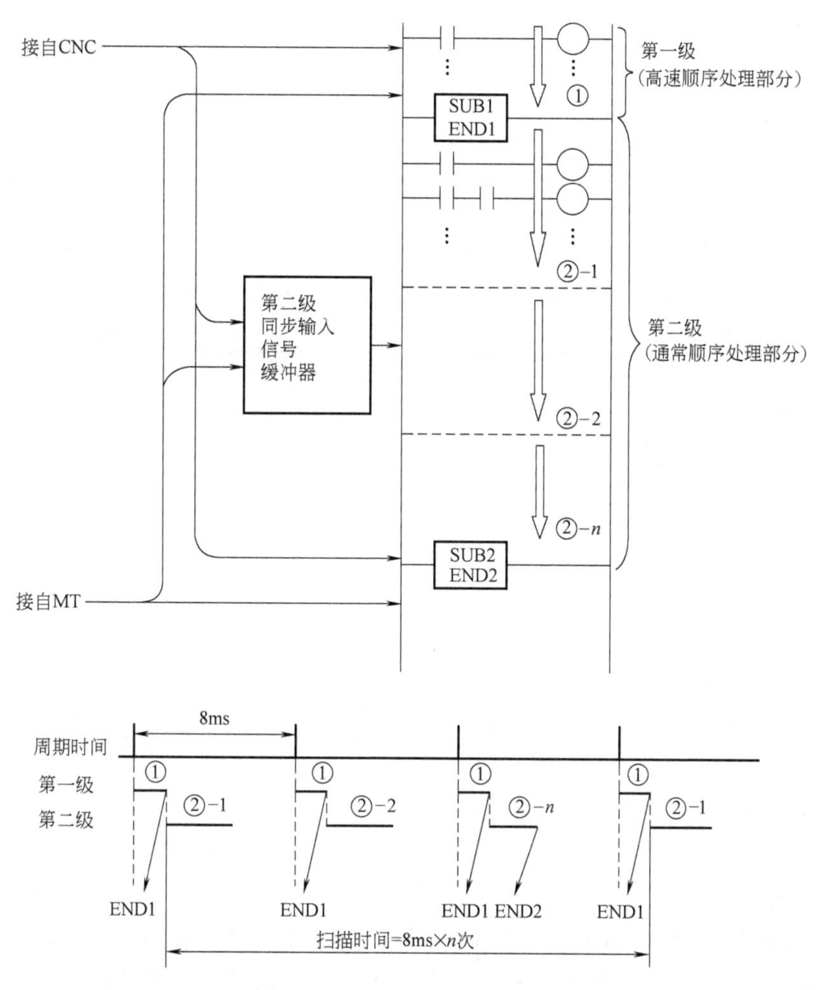

图 6-16 FANUC PMC 扫描周期

四、FANUC 系统 PMC 指令介绍

FANUC 系统中，PMC 指令有基本指令和功能指令两种，型号不同其功能指令数量不同。

1. 基本指令

基本指令共 12 条，指令及处理内容见表 6-7。

表 6-7 基本指令及处理内容

序号	指令	处理内容
1	RD	读指令信号的状态，并写入 ST0 中。在一个梯级开始的节点是常开节点时使用
2	RD. NOT	将信号的“非”状态读出，送入 ST0 中，在一个梯级开始的节点是常闭节点时使用
3	WRT	输出运算结果(ST0 的状态)到指定地址
4	WRT. NOT	输出运算结果(ST0 的状态)的“非”状态到指定地址
5	AND	将 ST0 的状态与指定地址的信号状态相“与”后，再置于 ST0 中
6	AND. NOT	将 ST0 的状态与指定信号的“非”状态相“与”后，再置于 ST0 中

（续）

序号	指令	处理内容
7	OR	将指定地址的状态与 ST0 相“或”后，再置于 ST0 中
8	OR. NOT	将地址的“非”状态与 ST0 相“或”后，再置于 ST0 中
9	RD. STK	堆栈寄存器左移一位，并把指定地址的状态置于 ST0 中
10	RD. NOT. STK	堆栈寄存器左移一位，并把指定地址的状态取“非”后再置于 ST0 中
11	AND. STK	将 ST0 和 ST1 的内容执行逻辑“与”，结果存于 ST0，堆栈寄存器右移一位
12	OR. STK	将 ST0 和 ST1 的内容执行逻辑“或”，结果存于 ST0，堆栈寄存器右移一位

基本指令格式如下：

××　　　　　　0000. 0

操作指令码　　　地址号　位数

　　　　　　　　操作数据

例如 RD100. 6，其中 RD 为操作指令码，100. 6 为操作数据，即指令操作对象。它实际上是 PLC 内部数据存储器某一个单元中的一位，100. 6 表示第 100 号存储单元中的第 6 位，执行该指令，将这一位的数据状态“1”或“0”读出并写入结果寄存器 ST0 中。图 6-17 所示为梯形图例。

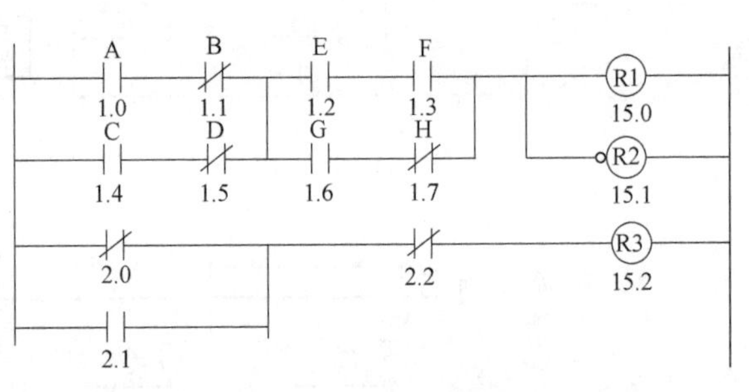

图 6-17　梯形图例

2. 功能指令

FANUC 系统 PMC 指令必须满足数控机床信息处理和动作顺序控制的特殊要求，如 CNC 输出的 M、S、T 二进制代码信号的译码（DEC），加工零件的计数（CTR），机械运动状态或液压系统动作状态的延时（TMR）确认，刀库、分度工作台沿最短路径旋转和现在位置至目标位置步数的计算（ROT），换刀时数据检索（DSCH）和数据变址传送指令（XMOV）等。对于上述的译码、计数、定时、最短路径的选择，以及比较、检索、转移、代码转换、四则运算、信息显示等控制功能，仅用一位操作的基本指令编程，实现起来将会十分困难，因此要增加一些具有专门控制功能的指令，这些专门指令就是功能指令。功能指令都是一些子程序，应用功能指令就是调用相应的子程序。在数控系统中，有些逻辑控制不太方便使用基本指令实现，如旋转找刀等动作，但选用功能指令编程就方便多了。

FANUC 系统 PMC 软件版本不同，提供的功能指令数量也不同，在 PMC 梯形图编程手册（B-64393CM）中详细介绍了功能指令。表 6-8 列出了部分 PMC 功能指令。

表 6-8　部分 PMC 功能指令

功能指令	命令号	处理内容
定时器指令		
TMR	SUB3	延时定时器（上升沿触发）
TMRB	SUB24	固定延时定时器（上升沿触发）

（续）

功能指令	命令号	处理内容
计数器指令		
CTR	SUB5	计数器
CTRB	SUB56	追加计数器
数据传送指令		
MOVB	SUB43	1字节数据传送
MOVE	SUB8	逻辑与后数据传送
数值比较指令		
COMPB	SUB32	二进制数据比较
COMP	SUB15	BCD数据比较
COIN	SUB16	BCD数据一致性判断
数据处理指令		
DSCHB	SUB3	二进制数据检索
COD	SUB17	BCD码变换
CODB	SUB27	二进制码变换
DCNV	SUB14	数据转换
DEC	SUB4	BCD译码
DECB	SUB25	二进制译码
运算指令		
NUMEB	SUB40	二进制常数赋值
NUME	SUB23	BCD常数赋值
CNC相关指令		
DISPB	SUB41	信息显示
程序控制指令		
JMP	SUB10	跳转
JMPE	SUB30	跳转结束
END1	SUB1	第1级程序结束
END2	SUB2	第2级程序结束
回转控制指令		
ROT	SUB6	BCD回转控制
ROTB	SUB26	二进制回转控制

（1）功能指令的格式　功能指令不能使用继电器的符号，必须使用图6-18所示的格式符号。这种格式包括控制条件、指令、参数和输出几个部分。

（2）部分功能指令说明

1）顺序程序结束指令（END1、END2）。

END1：第一级顺序程序结束指令；END2：第二级顺序程序结束指令。

指令格式：

其中 $i=1$ 或 2，分别表示第一级和第二级顺序程序结束指令。

2）定时器指令（TMR、TMRB）。在数控机床梯形图编制中，定时器是不可缺少的指令，用于顺序程序中需要与时间建立逻辑关系的场合，其功能相当于一种通常的定时继电器。

① TMR 指令设定时间可更改的定时器，指令格式及语句表如图 6-19 所示。

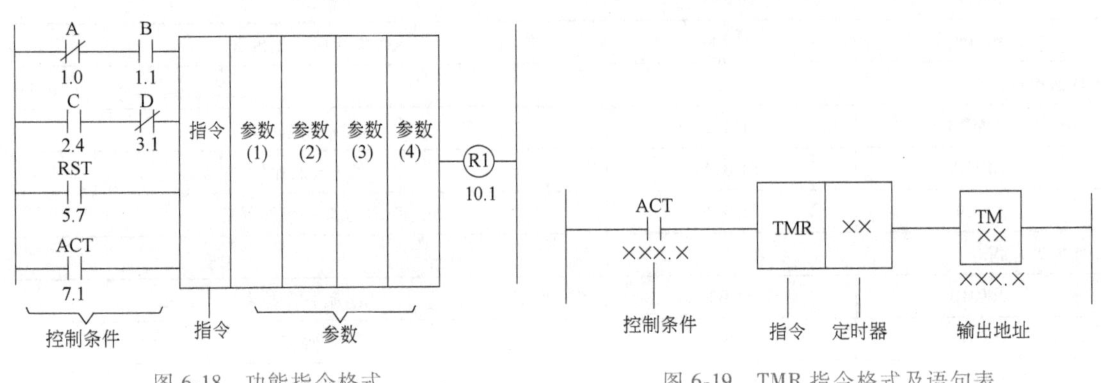

图 6-18 功能指令格式

图 6-19 TMR 指令格式及语句表

定时器的工作原理是：当控制 ACT=0 时，定时继电器 TM 断开；当 ACT=1 时，定时器开始计时，到达预定的时间后，定时继电器 TM 接通。

定时器设定时间的更改可通过数控系统（CRT/MDI）在定时器数据地址中来设定，设定值用二进制数表示。例如：

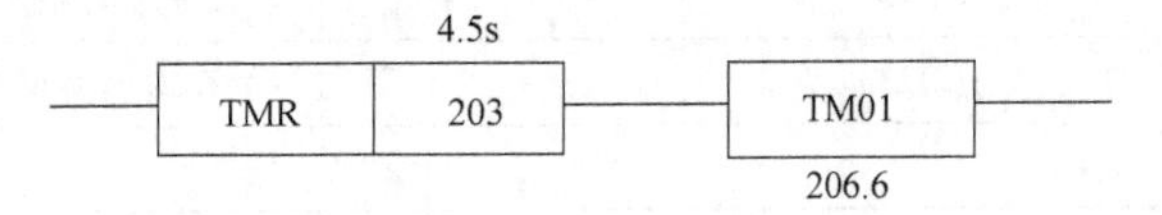

4.5s 的延时数据通过手动数据输入面板（MDI）在 CRT 上预先设定，由系统存入第 203 号数据存储单元。TM01 即 1 号定时继电器，数据位为 206.6，设定页面如图 6-13 所示。

② TMRB 为设定时间固定的定时器。TMRB 与 TMR 的区别在于，TMRB 的设定时间编在梯形图中，在指令和定时器的后面加上一项参数的预设定时间，与顺序程序一起被写入 EPROM，所设定的时间不能用 CRT/MDI 改写。

3）译码指令（DEC）。当数控机床在执行加工程序中规定的 M、S、T 代码时，这些代码需要经过译码才能从 BCD 状态转换成具有特定功能含义的一位逻辑状态。DEC 功能指令的格式如图 6-20 所示。

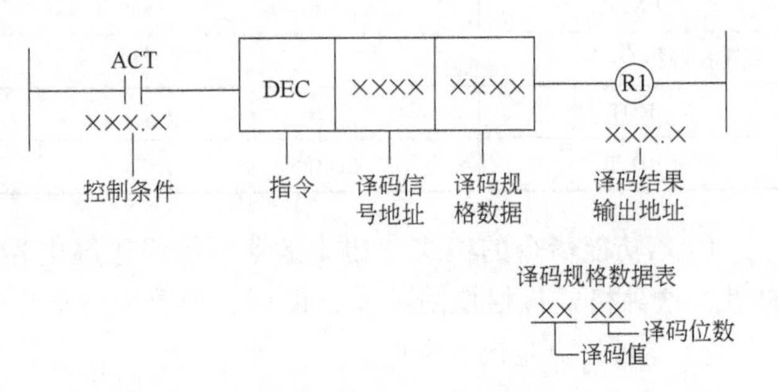

图 6-20 DEC 功能指令格式

译码信号地址是指 CNC 至 PLC 的二字节 BCD 码的信号地址，译码规格数据由译码值和译码位数两部分组成，其中译码值只能是两位数，如 M30 的译码值为 30。译码位数的设定有如下三种情况：01，译码地址中的两位 BCD 码，高位不变，只译低位码；10，高位译码，低位不译码；11：两位 BCD 码均被译码。

DEC 指令的工作原理是：当控制条件 ACT=0 时，不译码，译码结果继电器 R1 断开；当控制条件 ACT=1 时，执行译码，当指定译码信号地址与译码规格数据相同时，输出 R1=1，否则 R1=0。译码输出地址由设计人员确定。

例 6-1　M30 的译码梯形图如图 6-21 所示，语句表如下：

RD	66.0
AND	66.3
DEC	0067
PRM	3011
WRT	228.1

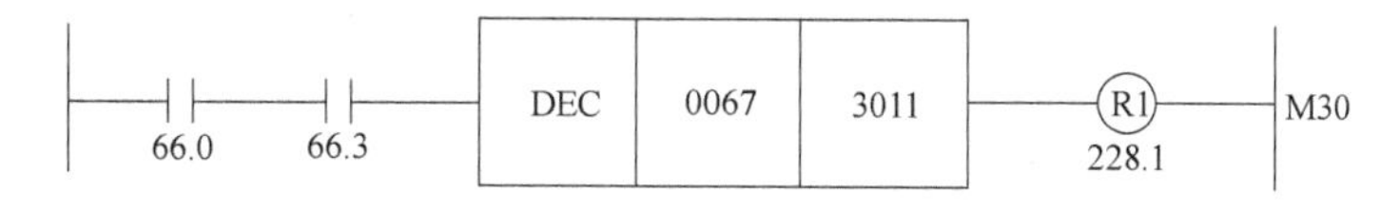

图 6-21　M30 译码梯形图

0067 为译码信号地址，3011 表示对译码地址 0067 中的二位 BCD 码的高、低位均译码，并判断该地址中的数据是否为 30，译码后的结果存入 228.1 地址中。

4）CODB 指令。CODB 指令把 1 字节二进制数指定的数据表内数据（1 字节、2 字节或 4 字节的二进制数）输出到转换数据输出地址中，一般用于数控机床操作面板上倍率开关的控制，如进给速度倍率、主轴速度倍率等的 PMC 控制。CODB 功能指令格式如图 6-22 所示。

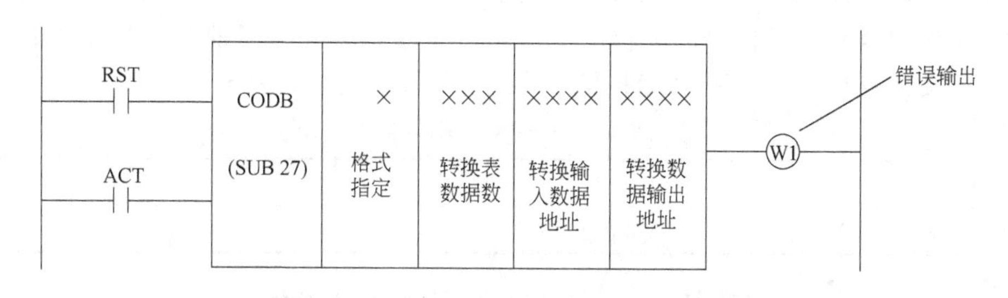

图 6-22　CODB 功能指令格式

错误输出复位（RST）：RST=0 时，取消复位，输出 W1 不变；RST=1 时，进行复位，输出 W1 为 0。

执行条件（ACT）：ACT=0 时，不执行 CODB 功能指令；ACT=1 时，执行 CODB 功能指令。

数据格式指定：指定转换数据表中二进制数据的字节数，0001 表示 1 字节二进制数；0002 表示 2 字节二进制数；0004 表示 4 字节二进制数。

数据表容量：指定转换数据表的范围（0~255），数据表的开头单元为 0 号，数据表的最后单元为 n 号，则数据表的大小为 $n+1$。

转换数据输入地址：指定转换数据表中的表内地址，一般可以通过机床操作面板的开关来设定该地址的内容。

转换数据输出地址：指定数据表内 1 字节、2 字节或 4 字节的二进制数据转换后的输出地址。

错误输出（W1）：在执行 CODB 功能指令时，如果转换数据输入地址出错（如转换数据地址超过了数据表的容量），则 W1 为 1。

5）DISPB 指令。该指令用于在 CRT 上显示外部信息。可以通过指定信息号编制相应的报警，最多可编制 200 条信息。DISPB 功能指令格式如图 6-23 所示。

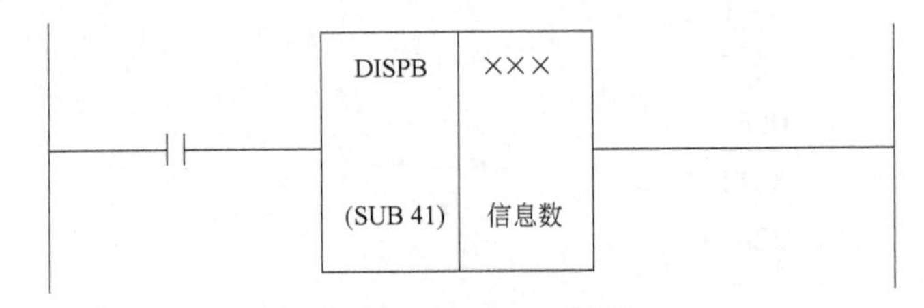

图 6-23 DISPB 功能指令格式

五、机床典型功能程序的实现

1. 典型机床操作面板程序功能分析

同一种机床操作面板外形各异，但最终实现的机床基本功能是差不多的，下面以某机床厂生产的 CK6140 型（FANUC 0i-TD）数控车床的 I/O 操作面板为例介绍操作面板主要程序，读者可以举一反三，了解操作面板程序的编制思路。

（1）机床操作方式 机床操作面板操作方式主要有自动运行、编辑、MDI（手动数据输入）、DNC（远程加工）运行、返回参考点、JOG（手动连续进给）运行、手轮进给功能，CNC 系统根据 G 地址信号的组合以及其他 G 地址信号区分目前是何种操作方式。G43 地址信号含义见表 6-9。机床操作面板操作方式与信号的关系见表 6-10。

表 6-9 G43 地址信号含义

地址信号	#7	#6	#5	#4	#3	#2	#1	#0
G43	ZRN		DNC1			MD4	MD2	MD1

表 6-10 机床操作面板操作方式与信号的关系

方式	ZRN	DNC1	MD4	MD2	MD1	输出信号
EDIT				1	1	MEDT
MEM		1			1	MMEM
RMT					1	MRMT
MDI						MMDI
HAND			1			MH
JOG			1		1	MJ
REF	1		1		1	MREF

（2）JOG 操作方式程序功能 不同操作面板的操作方式不同，所编制的 PMC 程序也不同。在机床操作面板上，与 JOG 操作有关的按键有 X、Z、+、-以及 JOG 方式进给速度倍率

选择开关。JOG 操作方式如下所述。

1）选择 JOG 操作方式。

2）选择合适的 JOG 方式进给速度倍率。

3）选择进给轴按键（X、Z）。

4）选择进给轴的方向（+或-）以及快速（~）。

CNC 系统根据 G 地址确认进给轴方向和进给轴速度倍率。G100.0、G100.1 地址信号为 X、Z 轴正方向信号；G102.0、G102.1 地址信号为 X、Z 轴负方向信号；G19.7 地址信号为快速信号；JOG 方式下进给轴速度倍率取决于 G10 和 G11 共 16 位二进制数的组合。

（3）自动方式程序功能　要实现零件程序自动加工，必须选择自动加工方式（MDI 或 DNC），再按循环启动功能按键；若需机床暂停，按循环暂停功能按键。在标准操作面板上，与程序自动加工有关的按键有单程序段按键、空运行功能按键、机械锁住功能按键、程序段删除按键等。

2. 辅助功能程序

（1）M 辅助功能　M 功能指辅助功能，用 M 后跟两位数字来表示。根据 M 代码的编程，可以实现机床主轴正反转及停止、数控加工程序运行停止、切削液的开关、自动换刀、卡盘的夹紧和松开等功能的控制。数控系统的基本辅助功能见表 6-11。

表 6-11　基本辅助功能

辅助功能代码	功　能	类型	辅助功能代码	功　能	类型
M00	程序停	A	M07	液状冷却	I
M01	选择停	A	M08	雾状冷却	I
M02	程序结束	A	M09	关切削液	A
M03	主轴顺时针旋转	I	M10	夹紧	H
M04	主轴逆时针旋转	I	M11	松开	H
M05	主轴停	A	M30	程序结束并倒带	A
M06	换刀准备	C			

M 辅助功能的具体执行过程如下：

1）假设程序中包含 M 辅助功能指令 M××。××为辅助功能指令位数，由十进制数表示。通过参数 3030 可以指定 M 辅助功能指令的最大位数，当指令超过该最大位数时，会有报警发出。

2）系统将 M 后面的数字自动转换成二进制输出至 F10~F13 四个字节中，经过由参数 3010 设定的时间 TMF（标准设定为 16ms）后，选通脉冲信号 MF（F7.0）为 1。如果移动、暂停、主轴速度或其他功能指令与 M 辅助功能指令编制在同一程序段中，当送出 M 辅助功能指令代码信号时，开始执行其他功能。

3）在 PMC 侧，在 MF（F7.0）选通脉冲信号为 1 的时刻读取代码信号，执行相应的动作，PMC 执行机床制造商编制的梯形图程序。

4）如果希望 M 辅助功能指令在移动、暂停等功能完成后执行相应的动作，分配完成信号 DNC（F1.3）应为 1。

5）PMC 侧完成相应的动作时，将完成信号 FIN（G4.3）设定为 1。辅助功能、主轴功能、刀具功能、第2辅助功能以及其他外部动作功能等编译后需将完成信号FIN（G4.3）设定为1。如果这些外部功能同时动作，则需要在所有外部动作功能已经完成的条件下，将完成信号FIN（G4.3）设定为1。

6）完成信号FIN（G4.3）保持为1的时间超过参数3011设定的时间TFIN（标准设定：16ms）时，CNC将选通脉冲信号MF（F7.0）设定为0，通知PMC数控系统已经接收到完成信号的事实。

7）PMC侧在选通脉冲信号MF（F7.0）为0的时刻，将完成信号FIN（G4.3）设定为0。

8）完成信号FIN（G4.3）为0时，数控系统将F10~F13四个字节中的代码信号全都设定为0，并结束M辅助功能的全部顺序操作。

9）数控系统等待相同程序段的其他指令完成后，进入下一个程序段。

M辅助功能时序如图6-24所示。

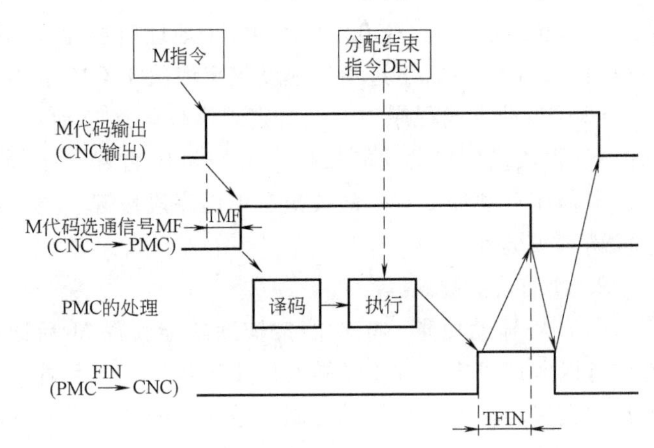

图6-24 M辅助功能时序

（2）T功能指令 T功能指令的基本思路与M辅助功能指令差不多，但T功能指令与M辅助功能指令处理过程相关的G地址和F地址见表6-12。

表6-12 T功能指令与M辅助功能指令处理过程相关的G地址和F地址

指令	选通信号地址	完成信号地址	存放数据的F存储区	处理过程
T功能指令	F7.3	F26~F29	G4.3	相同
M功能指令	F7.0	F10~F13		

3. 外部报警程序

FANUC系统的故障报警号在EX1000~EX1999之间的报警一般来讲都是I/O（输入/输出）部分故障，不是系统本体故障，基本上是由机床制造厂家开发好的。图6-25所示为出现急停报警的PMC程序。其中编写的报警文本如图6-26所示。

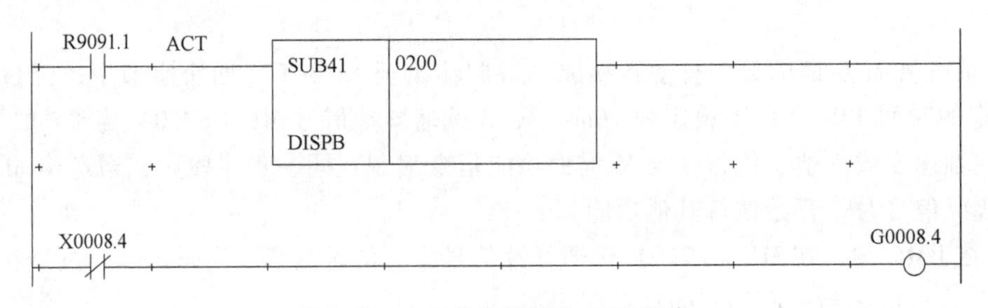

图6-25 出现急停报警的PMC程序

4. 其他功能程序

其他功能程序按照机床的要求编写，如图6-27所示为某润滑系统电气控制原理图，

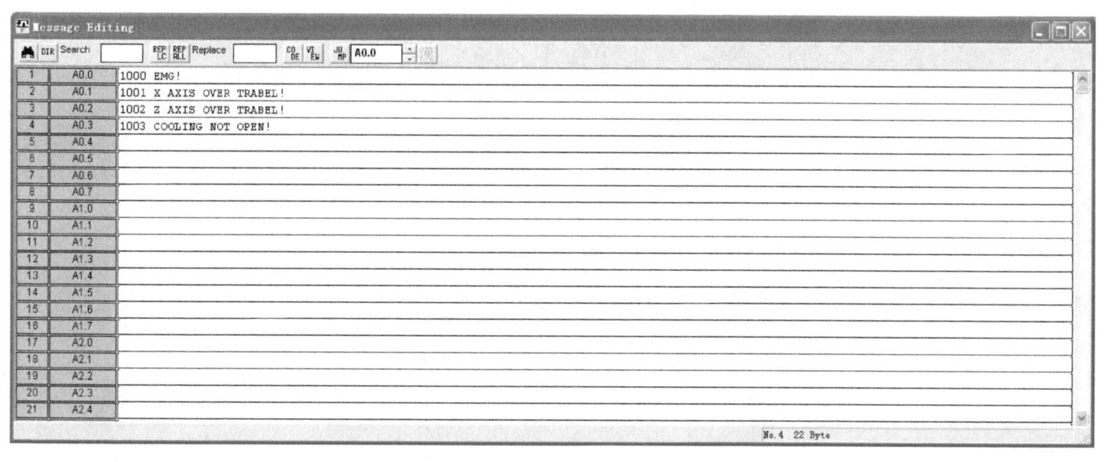

图 6-26 报警文本

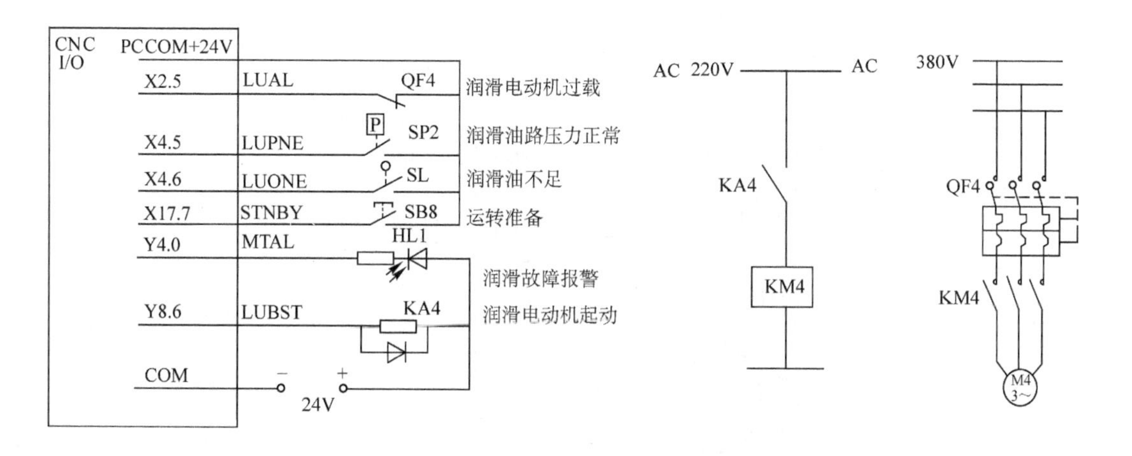

图 6-27 润滑系统电气控制原理图

图 6-28 所示为该润滑系统的控制系统流程图，根据两图要求，编制出图 6-29 所示的该润滑系统的 PLC 控制梯形图。

（1）润滑系统正常工作控制过程　按下运转准备按钮 SB8，23N 行 X17.7 为“1”，输出信号 Y86.6 接通中间继电器 KA4 线圈，通过 KA4 触点又接通接触器 KM4，使润滑电动机 M4 起动，23P 行的 Y86.6 触点自锁。

当 Y86.6 为“1”时，24A 行 Y86.6 触点闭合，TM17 号定时器（R613.0）开始计时，设定时间为 15s（通过 MDI 面板设定），到达 15s 后，TM17 为“1”，23P 行的 R613.0 触点断开，此时 Y86.6 为“0”，润滑电动机停止运行，同时也使 24D 行输出 R600.2 为“1”并自锁。

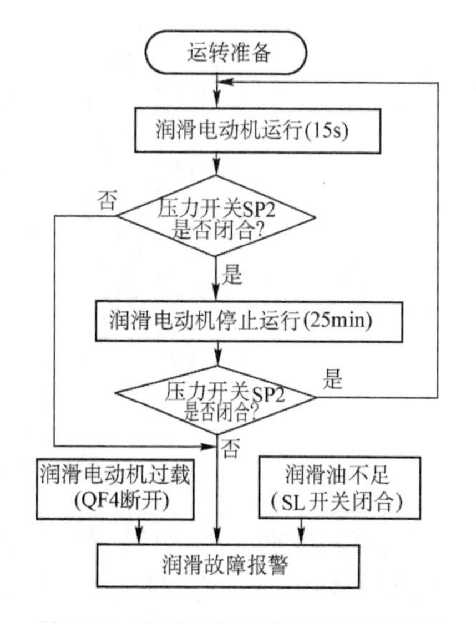

图 6-28 润滑系统的控制系统流程图

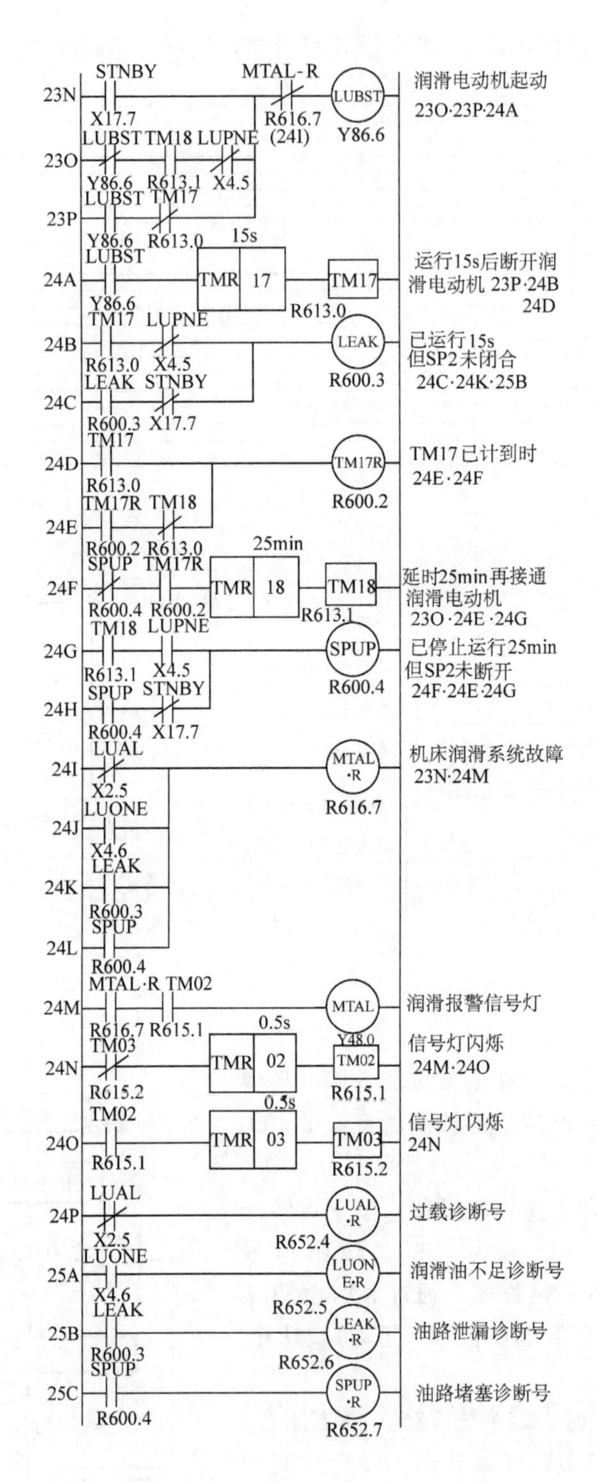

图 6-29 润滑系统的 PLC 控制梯形图

24F 行的 R600.2 为“1”，使 TM18 定时器开始计时，时间设定为 25min，当到达时间后，输出信号 R613.1 为“1”，使 24G 行的 R613.1 触点闭合，Y86.6 输出并自锁，润滑电动机 M4 重新起动运行，重复上述控制过程。

（2）润滑系统故障监控

1）当润滑油路出现堵塞或压力开关 SP2 失灵的情况时，在 M4 已停止运行 25min 后压力开关 SP2 未关闭，则 24G 行的 X4.5 闭合，R600.4 输出为“1”，一方面使 24I 行的 R616.7 输出为“1”，使 23N 行的 R616.7 触点打开，润滑电动机断开；另一方面 24M 行的 R616.7 触点闭合，使 Y48.0 输出为“1”，报警指示灯（HL1）亮，并通过 TM02、TM03 定时器控制，使信号报警灯闪烁。

2）当润滑油路出现堵塞或压力开关 SP2 失灵的情况时，M4 已运行 15s 但压力开关 SP2 未闭合，24B 行的 X4.5 触点未打开，R600.3 为“1”并自锁，同样使 24I 行的 R616.7 输出为“1”，结果与第一种情况相同，使润滑电动机不再起动并报警。

3）润滑电动机 M4 过载，自动开关 QF4 断开 M4 的主电路，同时 QF4 的辅助触点闭合，使 24I 行的 X2.5 闭合，同样使 R616.7 输出为“1”，断开 M4 的控制电路并报警。

4）润滑油不足，液位开关 SL 闭合，24J 行的 X4.6 闭合，同样使 R616.7 输出为“1”，断开 M4 并报警。

通过 24P、25A、25B、25C 行，将四种报警状态传输到 R652 地址中的高四位中，即 R652.4、R652.5、R652.6 和 R652.7。通过 CRT/MDI 检查诊断地址 DGN NO652 的对应状态，哪一位为“1”，即为哪一项故障，从而确认报警时的故障原因。

习　题

1. 简述数控系统中 PLC 的结构与特点。
2. 简述数控系统中 PLC 的工作过程。
3. 数控系统中 PLC 的信息交换包括哪几部分？
4. 举例说明数控系统中 PLC 的应用。

项目七
其他典型数控系统的硬件连接

项目描述

通过本项目学习，了解 SIEMENS 828D、FANUC 0i-F 系统和 HNC 818T 系统的硬件组成，明白各模块间的连接，能够进行典型数控系统的硬件连接。

学习目标：

- SIEMENS 828D 数控系统的硬件组成及各模块间的连接；
- FANUC 0i-F 数控系统的硬件组成及各模块间的连接；
- HNC 818T 数控系统的硬件组成及各模块间的连接。

项目重点：

- SIEMENS 828D 数控系统的硬件连接与调试；
- FANUC 0i-F 数控系统的硬件连接与调试；
- HNC 818T 数控系统的硬件连接与调试。

项目难点：

- 典型数控系统参数的设置与调试。

任务一　SIEMENS 828D 数控系统硬件组成及连接

SIEMENS 828D 是西门子公司推出的新型数控系统，集 CNC、PLC、操作界面以及轴控制功能于一体，通过 Drive-CLiQ 总线与全数字驱动 SIEMENS S120 实现高速可靠通信，PLCI/O 模块通过 PROFINET 连接，可自动识别，无须额外配置。大量高档的数控功能和丰富、灵活的工件编程方法使它可以自如地应用于各种加工场合。

一、SIEMENS 828D PPU 单元

PPU 单元是 SIEMENS 828D 的核心。它集成了 Drive-Cliq 高速驱动接口、PROFINET 接口、SIEMENS 高速输入/输出接口、竖直结构（右侧）或水平结构（下侧）的全 NC 键盘（见图 7-1）、两个手持单元接口。其硬件接口如图 7-2 所示。

PPU 单元配置了 10.4in 或 8.4in 彩屏，具有长寿命的背景光源。

图 7-2 中 PPU 单元硬件接口由以下几个部分组成：

① X1 为 3 芯端子式插头（插头上已标明 24V、0V 和 PE），为系统提供 DC 24V 电源。

② X100、X101 和 X102 是 Drive-Cliq 高速驱动接口。

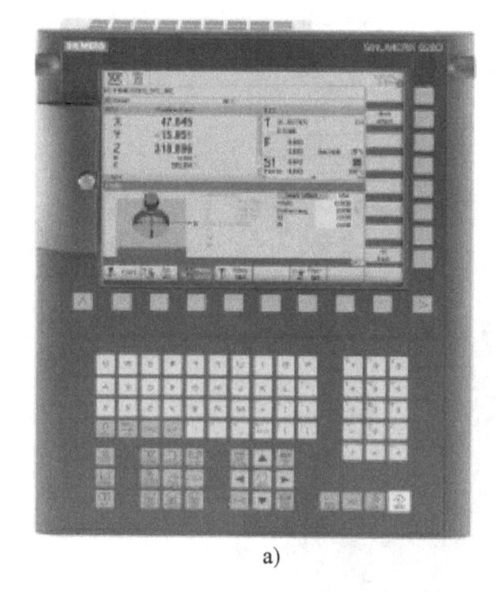
a)

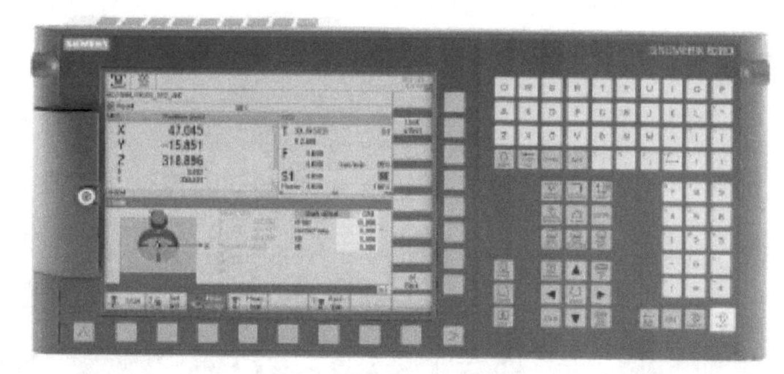
b)

图 7-1　PPU 单元（10.4in 彩屏）
a）配有竖直结构的全 NC 键盘　b）配有水平结构的全 NC 键盘

SIEMENS 828D
系统硬件

③ X130 是工厂以太网接口。

④ X135 是 USB2.0 外设接口。

⑤ X140 是 RS232 接口（9 芯针式 D 型插座）。

⑥ X143 是手持单元接口，最多支持两个手轮。

⑦ X122、X132 是 Sinamics 高速输入/输出接口。

⑧ X142 是 NC 高速输入/输出接口。

⑨ X120 和 X121 是 PROFINET 接口，其中 X120 连接机床控制面板（MCP，Machine Control Panel）、输入/输出模块 PP72/48DPN，PPU240/241 没有 X121 接口。

图 7-2　PPU 单元硬件接口

⑩ T0、T1 和 T2 是模拟量输出测量接口，M 是模拟量输出测量接口地。

二、输入/输出模块 PP72/48D PN

PP72/48D PN 模块是一种基于 PROFINET 网络通信的电气元件，可提供 72 个数字输入和 48 个数字输出。每个模块具有 3 个独立的 50 芯插槽，每个插槽中包括 24 位数字量输入和 16 位数字量输出（输出的驱动能力为 0.25A，同时系数为 1）。其模块结构如图 7-3 所示。

各接口功能如下：

① X1 为 DC 24V 电源接口，是 3 芯端子式插头（插头上已标明 24V，OV 和 PE）。

② X2 为 PROFINET 接口，有两个通道。

③ X111、X222、X333 为 50 芯扁平电缆插头，用于数字量输入和输出，可与端子转换器连接。

④ S1 为 PROFIBUS 地址开关，如图 7-4 所示。

第一个 PP72/48D PN 模块（总线地址：192.168.214.9）输入/输出信号的逻辑地址和

接口端子号的对应关系见表 7-1。第二个 PP72/48D PN 模块（总线地址：192.168.214.8）输入/输出信号的逻辑地址和接口端子号的对应关系见表 7-2。

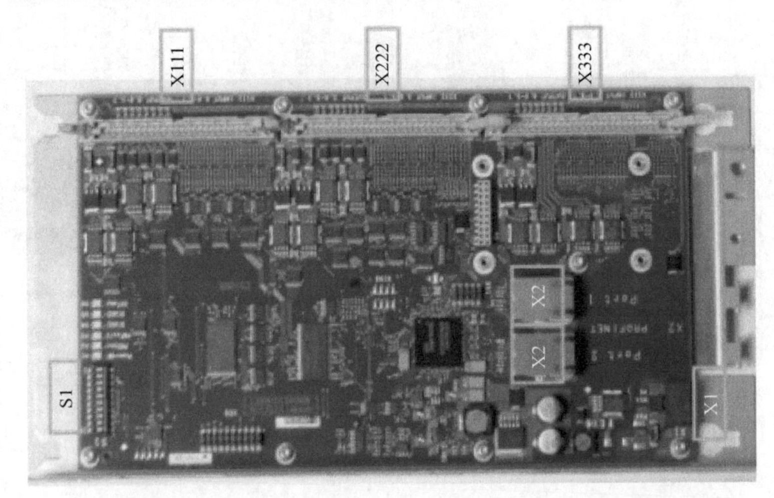

图 7-3 PP72/48D PN 模块结构

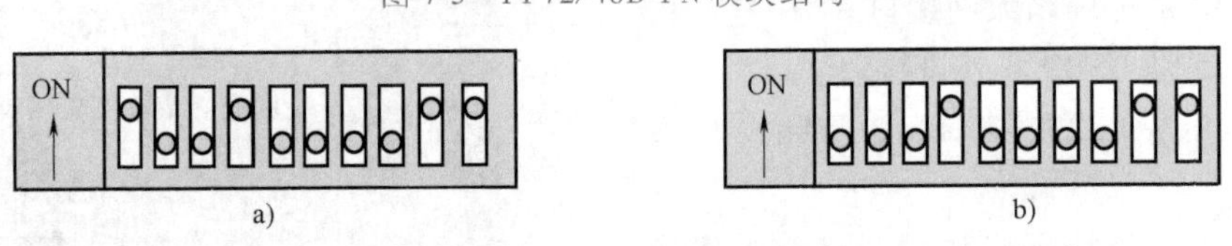

图 7-4 PP72/48D PN 模块地址开关

a）模块 1（地址：9） b）模块 2（地址：8）

表 7-1 第一个 PP72/48D PN 模块的输入/输出信号的逻辑地址

端子	X111	X222	X333	端子	X111	X222	X333
1	数字输入公共端 DC 0V			2	DC 24V 输出		
3	I0.0	I3.0	I6.0	4	I0.1	I3.1	I6.1
5	I0.2	I3.2	I6.2	6	I0.3	I3.3	I6.3
7	I0.4	I3.4	I6.4	8	I0.5	I3.5	I6.5
9	I0.6	I3.6	I6.6	10	I0.7	I3.7	I6.7
11	I1.0	I4.0	I7.0	12	I1.1	I4.1	I7.1
13	I1.2	I4.2	I7.2	14	I1.3	I4.3	I7.3
15	I1.4	I4.4	I7.4	16	I1.5	I4.5	I7.5
17	I1.6	I4.6	I7.6	18	I1.7	I4.7	I7.7
19	I2.0	I5.0	I8.0	20	I2.1	I5.1	I8.1
21	I2.2	I5.2	I8.2	22	I2.3	I5.3	I8.3
23	I2.4	I5.4	I8.4	24	I2.5	I5.5	I8.5
25	I2.6	I5.6	I8.6	26	I2.7	I5.7	I8.7
27,29	无定义			28,30	无定义		
31	Q0.0	Q2.0	Q4.0	32	Q0.1	Q2.1	Q4.1
33	Q0.2	Q2.2	Q4.2	34	Q0.3	Q2.3	Q4.3

（续）

端子	X111	X222	X333	端子	X111	X222	X333
35	Q0.4	Q2.4	Q4.4	36	Q0.5	Q2.5	Q4.5
37	Q0.6	Q2.6	Q4.6	38	Q0.7	Q2.7	Q4.7
39	Q1.0	Q3.0	Q5.0	40	Q1.1	Q3.1	Q5.1
41	Q1.2	Q3.2	Q5.2	42	Q1.3	Q3.3	Q5.3
43	Q1.4	Q3.4	Q5.4	44	Q1.5	Q3.5	Q5.5
45	Q1.6	Q3.6	Q5.6	46	Q1.7	Q3.7	Q5.7
47,49	数字输出公共端 DC 24V			48,50	数字输出公共端 DC 24V		

表 7-2 第二个 PP72/48D PN 模块的输入/输出信号的逻辑地址

端子	X111	X222	X333	端子	X111	X222	X333
1	数字输入公共端 DC 0V			2	DC 24V 输出		
3	I9.0	I12.0	I15.0	4	I9.1	I12.1	I15.1
5	I9.2	I12.2	I15.2	6	I9.3	I12.3	I15.3
7	I9.4	I12.4	I15.4	8	I9.5	I12.5	I15.5
9	I9.6	I12.6	I15.6	10	I9.7	I12.7	I15.7
11	I10.0	I13.0	I16.0	12	I10.1	I13.1	I16.1
13	I10.2	I13.2	I16.2	14	I10.3	I13.3	I16.3
15	I10.4	I13.4	I16.4	16	I10.5	I13.5	I16.5
17	I10.6	I13.6	I16.6	18	I10.7	I13.7	I16.7
19	I11.0	I14.0	I17.0	20	I11.1	I14.1	I17.1
21	I11.2	I14.2	I17.2	22	I11.3	I14.3	I17.3
23	I11.4	I14.4	I17.4	24	I11.5	I14.5	I17.5
25	I11.6	I14.6	I17.6	26	I11.7	I14.7	I17.7
27,29	无定义			28,30	无定义		
31	Q6.0	Q8.0	Q10.0	32	Q6.1	Q8.1	Q10.1
33	Q6.2	Q8.2	Q10.2	34	Q6.3	Q8.3	Q10.3
35	Q6.4	Q8.4	Q10.4	36	Q6.5	Q8.5	Q10.5
37	Q6.6	Q8.6	Q10.6	38	Q6.7	Q8.7	Q10.7
39	Q7.0	Q9.0	Q11.0	40	Q7.1	Q9.1	Q11.1
41	Q7.2	Q9.2	Q11.2	42	Q7.3	Q9.3	Q11.3
43	Q7.4	Q9.4	Q11.4	44	Q7.5	Q9.5	Q11.5
45	Q7.6	Q9.6	Q11.6	46	Q7.7	Q9.7	Q11.7
47,49	数字输出公共端 DC 24V			48,50	数字输出公共端 DC 24V		

三、机床控制面板

根据面板尺寸，机床面板分为图 7-5 所示的两种机械式按键面板。其中，PN 表示以太网接口，C 表示面板为机械式按键。

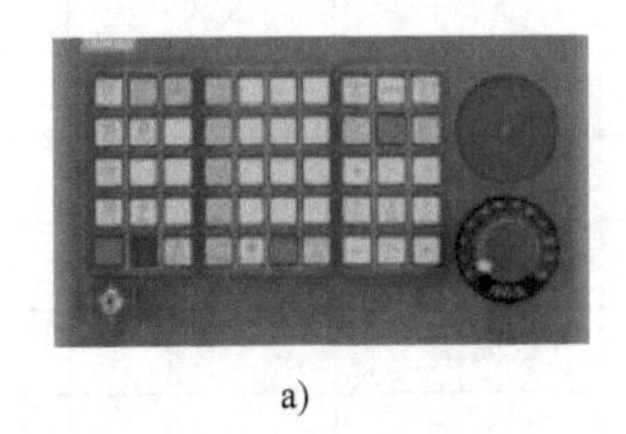

a)

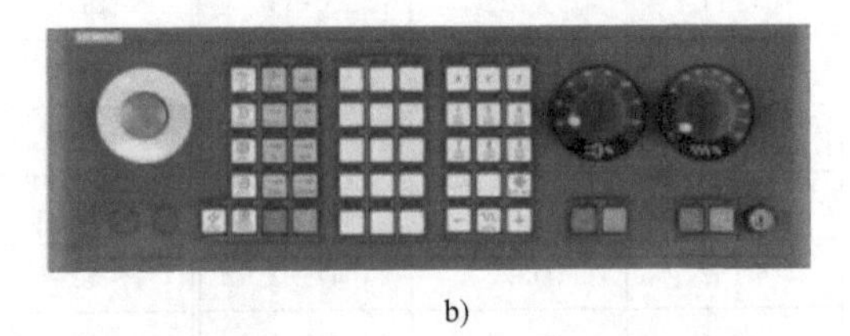

b)

图 7-5 机床控制面板

a）MCP310C PN（6FC5303-0AF23-0AA1） b）MCP483C PN（6FC5303-0AF22-1AA1）

SIEMENS 828D 数控系统机床控制面板的按键布局正面（以 MCP483C PN 为例）如图 7-6 所示。

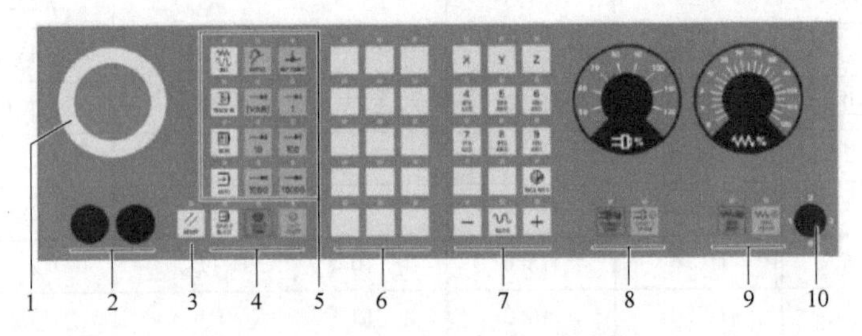

图 7-6 MCP483C PN 布局正面

1—急停开关 2—预留按钮的安装位置（$d=16$mm） 3—复位 4—程序控制 5—操作方式选择 6—用户自定义键 T1~T15 7—手动操作键 R1~R15 8—带倍率开关的主轴控制 9—带倍率开关的进给轴控制 10—钥匙开关（4 个位置）

SIEMENS 828D 机床控制面板的背面如图 7-7 所示。机床制造商也可根据用户要求采购自制面板。

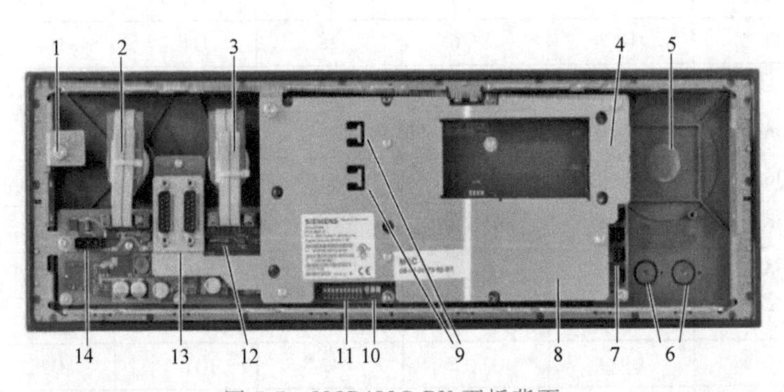

图 7-7 MCP483C PN 面板背面

1—接地端子 2—进给倍率 X30 3—主轴倍率 X31 4—PROFINET 接口 X20/X21 5—急停开关的安装位置 6—预留按钮的安装位置（$d=16$mm） 7—用户专用的输入接口（X51、X52、X55）和输出接口（X53、X54） 8—盖板 9—以太网电缆固定座 10—指示灯 11—拨码开关 S2 12—保留 13—保留或电源接口 14—X10

四、Mini 手持单元

西门子 Mini 手持单元用于控制轴选择和手动移动轴，一共有 5 个轴旋转键、6 个用户自定义键（包括快速移动和+/-键）、急停键、使能键等，其接口信号分为三部分：①急停或使能按键的安全电路；②用于 PLC 控制的轴选和手动信号；③手轮接口信号。

图 7-8 所示为西门子 Mini 手持单元连接图。

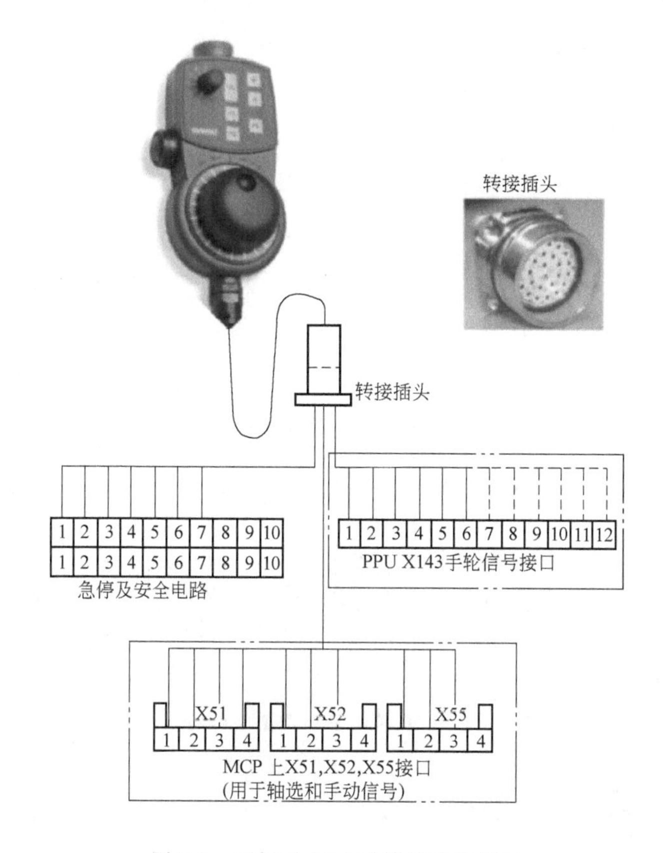

图 7-8 西门子 Mini 手持单元连接图

五、编码器接口模块 SMC

SIEMENS 828D 数控系统有两种编码器接口模块，其中 SMC20 模块与 1Vpp 正弦波编码器配套，SMC30 模块与 TTL 方波编码器配套。图 7-9 所示为 SMC20 模块，图 7-10 所示为 SMC30 模块。

图 7-9 SMC20 模块

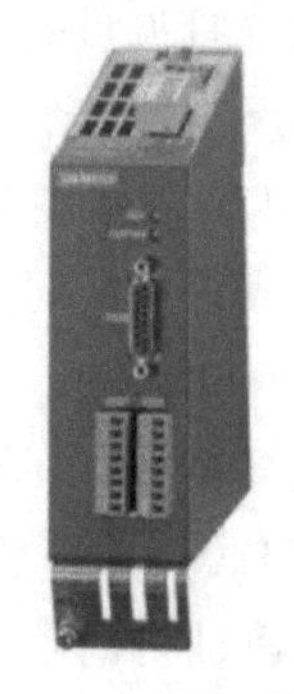

图 7-10 SMC30 模块

六、Drive-Cliq 集线器模块 DMC20

图 7-11 所示为 DMC20 模块及 DMC20 模块连接示例。

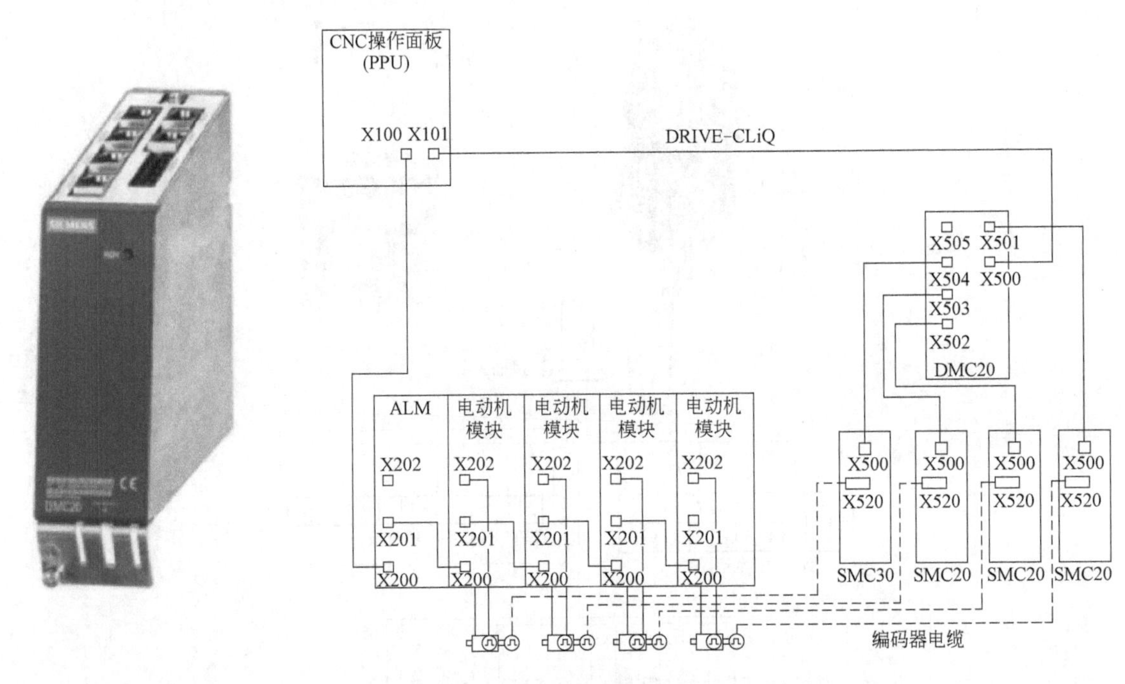

图 7-11 DMC20 模块及 DMC20 模块连接示例

七、驱动系统和伺服电动机

SINAMICSS120 是西门子公司新一代的驱动系统，采用先进的硬件技术、软件技术以及通信技术。其采用高速驱动接口，配套的 1FK7 永磁同步伺服电动机具有电子铭牌，可以自动识别所配置的驱动系统；具有更高的控制精度和动态控制特性，以及更高的可靠性。

SIEMENS 828D 数控系统配套使用的 SINAMICS S120 产品包括：书本型驱动器和 Combi 驱动器。其中，书本型驱动器是指结构形式为电源模块和电动机模块（MM，Mortor Module）分开，一个电源模块将三相交流电整流成 540V 或 600V 的直流电，将电动机模块（一个或多个）都连接到该直流母线上，此类驱动器特别适用于多轴控制；S120 Combi 驱动器是指结构形式为电源模块和几个电动机模块集成在一起的一体化驱动。

SINAMICS S120 书本型驱动器由独立的电源模块和电动机模块共同组成。电源模块全部采用馈电制动方式，按其配置分为调节型电源模块（ALM，Active Line Module）和非调节型电源模块（SLM，Smart Line Module）。使用 SLM 时需要配置电抗器，使用 ALM 时需要配置调节型接口模块（AIM，Active Interface Module）。

SINAMICS S120 Combi 驱动器是专门为紧凑型机床配备的新型驱动器，集成了 3 或 4 个用于主轴及进给电动机的功率部件、回馈型电源模块、TTL 主轴编码器接口、一个轴的电动机制动控制以及外部冷却。SINAMICS S120 Combi 驱动器还可扩展一个 SINAMICS S120 书本型单轴或双轴紧凑型电动机模块。

SINAMICS S120 书本型驱动器的电源模块、电动机模块，SINAMICS S120 Combi 驱动器等均需要外部 24V 直流供电。

八、驱动器的连接

1. SINAMICS S120 书本型驱动器的连接

书本型驱动器由进线电源模块和电动机模块组成。进线电源模块的作用是将 380V 三相交流电源变为 600V 直流电源，为电动机模块供电。如前所述，进线电源模块有调节型和非调节型之分。调节型的母线电压为直流 600V；非调节型的母线电压与进线的交流电压有关。不论是调节型的进线电源模块，还是非调节型的进线电源模块，均采用馈电制动方式——制动的能量馈回电网。安装时，功率大的电动机模块应与电源模块相邻放置。

调节型进线电源模块具有 Drive-Cliq 接口，由 SIEMENS 828D 数控系统的 X100 接口引出的驱动控制电缆 Drive-Cliq 连接到 ALM 的 X200 接口，由 ALM 的 X201 连接到相邻的电动机模块的 X200，然后由此电动机模块的 X201 连接至下一相邻电动机模块的 X200，按此规律连接所有电动机模块。配置调节型进线电源模块的书本型驱动器硬件连接如图 7-12 所示。

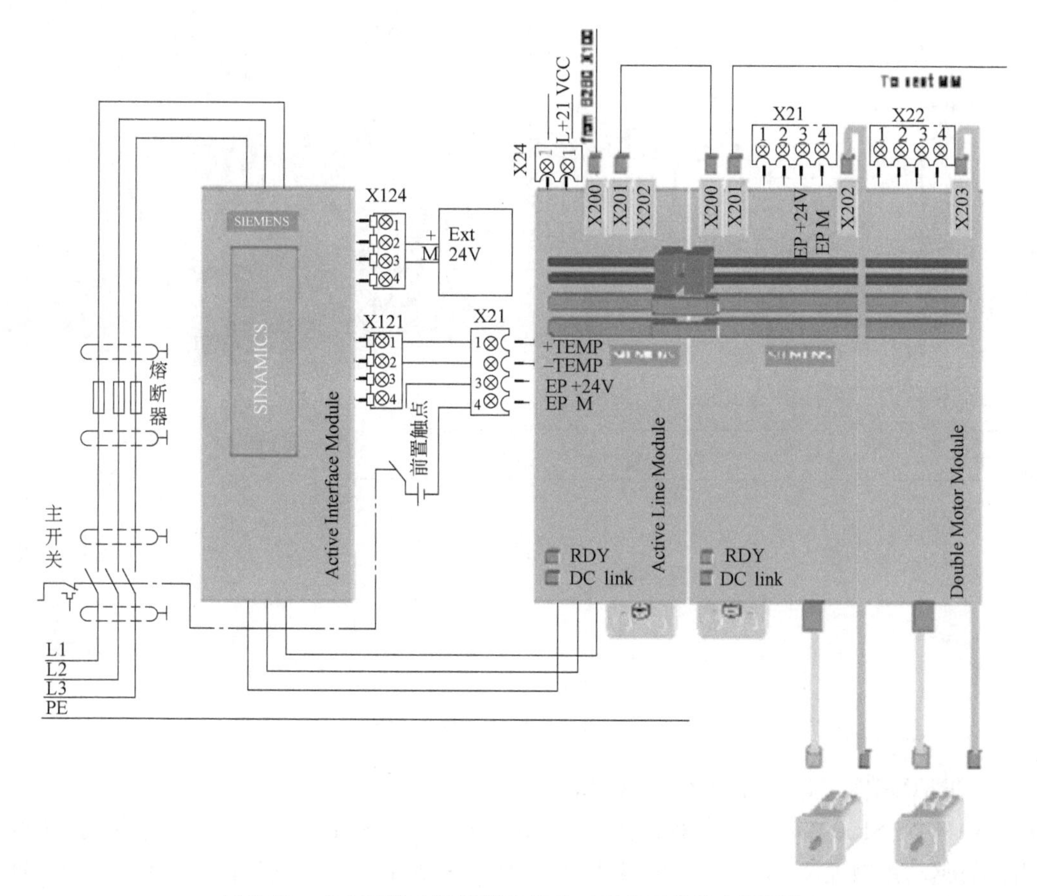

图 7-12 书本型驱动器的硬件连接（调节型进线电源模块）

非调节型进线电源模块没有 Drive-Cliq 接口，由 SIEMENS 828D 数控系统的 X100 接口引出的驱动控制电缆 Drive-Cliq 直接连接到第一个电动机模块的 X200 接口，由电动机模块的 X201 连接到下一个相邻电动机模块的 X200，按此规律连接所有电动机模块。配置非调节型进线电源模块的书本型驱动器硬件连接如图 7-13 所示。

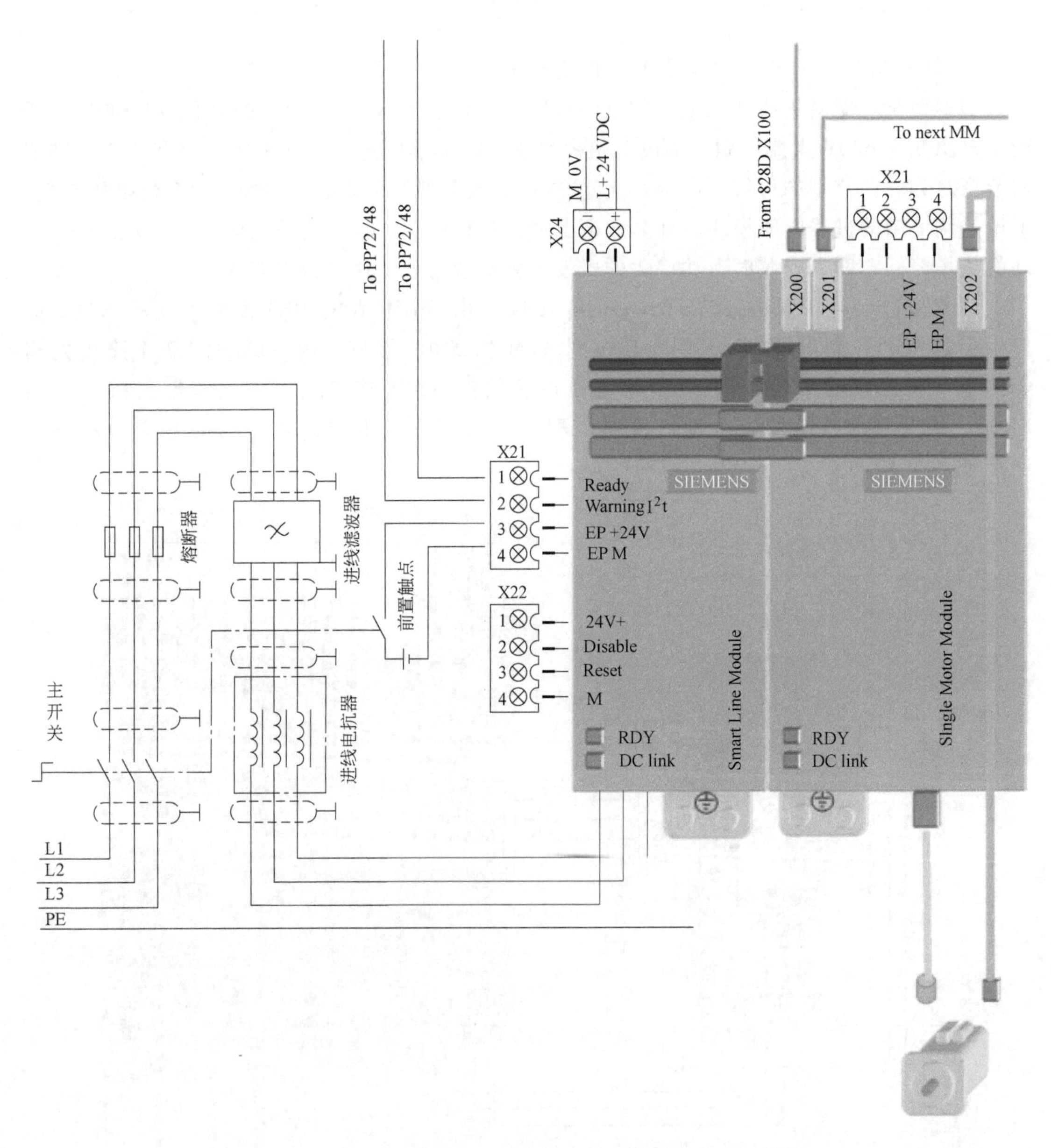

图 7-13 书本型驱动器的硬件连接（非调节型进线电源模块）

2. SINAMICS S120 Combi 驱动器的连接

SINAMICS S120 Combi 驱动器具有 Drive-Cliq 接口，由 Siemens 828D 数控系统的 X100 接口引出的驱动控制电缆 Drive-Cliq 连接到 SINAMICS S120 Combi 驱动器的 X200 接口，各轴的反馈依次连接到 X201～X205，具体的 Drive-Cliq 接口分配见表 7-3。

表 7-3 SINAMICS S120 Combi 驱动器 Drive-Cliq 接口分配

Drive-Cliq 接口	连接到
X201	主轴电动机编码器反馈
X202	进给轴 1 编码器反馈
X203	进给轴 2 编码器反馈
X204	对于 4 轴版，进给轴 3 编码器反馈；对于 3 轴版，此接口为空
X205	主轴直接测量反馈为 sin/cos 编码器，通过 SMC20 接入，此时 X220 接口为空； 主轴直接测量反馈为 TTL 编码器，直接从 X220 接口接入，此接口为空

SINAMICS S120 Combi 驱动器硬件连接如图 7-14 所示。

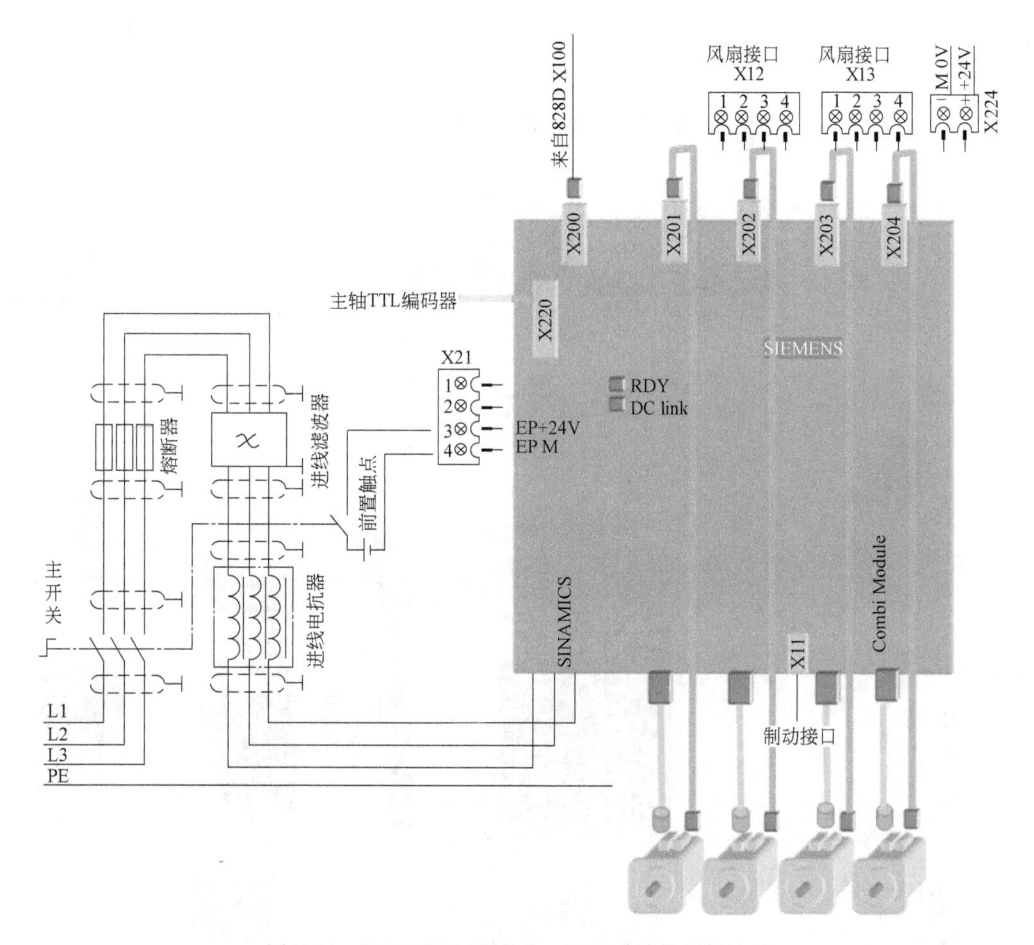

图 7-14 SINAMICS S120 Combi 驱动器的硬件连接

九、数控系统连接图

以上介绍了西门子 828D 数控系统的各个组成部分，其每部分之间的相互连接如图 7-15（书本型驱动器）及图 7-16（Combi 驱动器）所示。通过该图，我们可掌握西门子 828D 数控系统的组成及系统各模块之间的硬件连接。

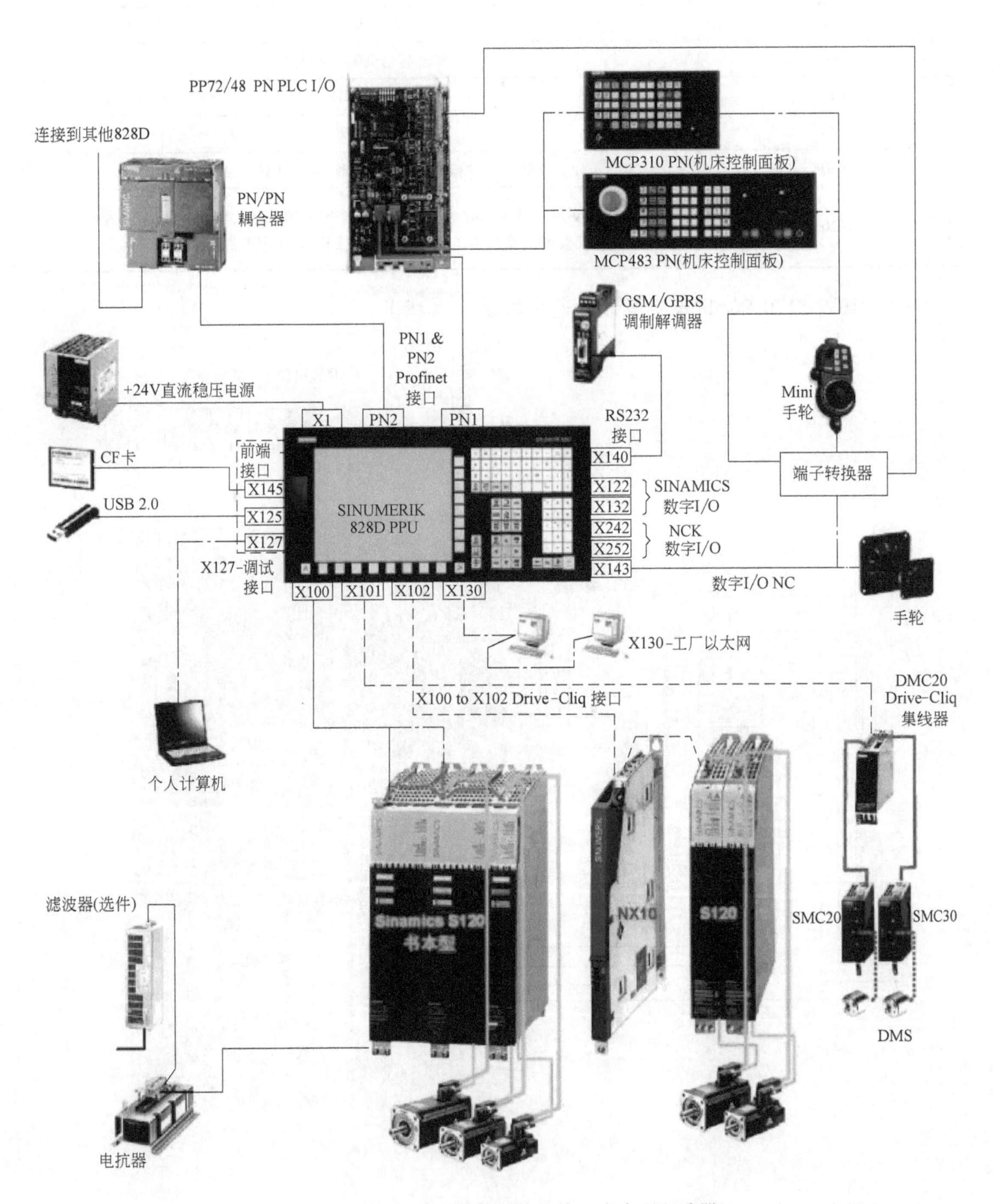

图 7-15 西门子 828D 数控系统连接（书本型驱动器）

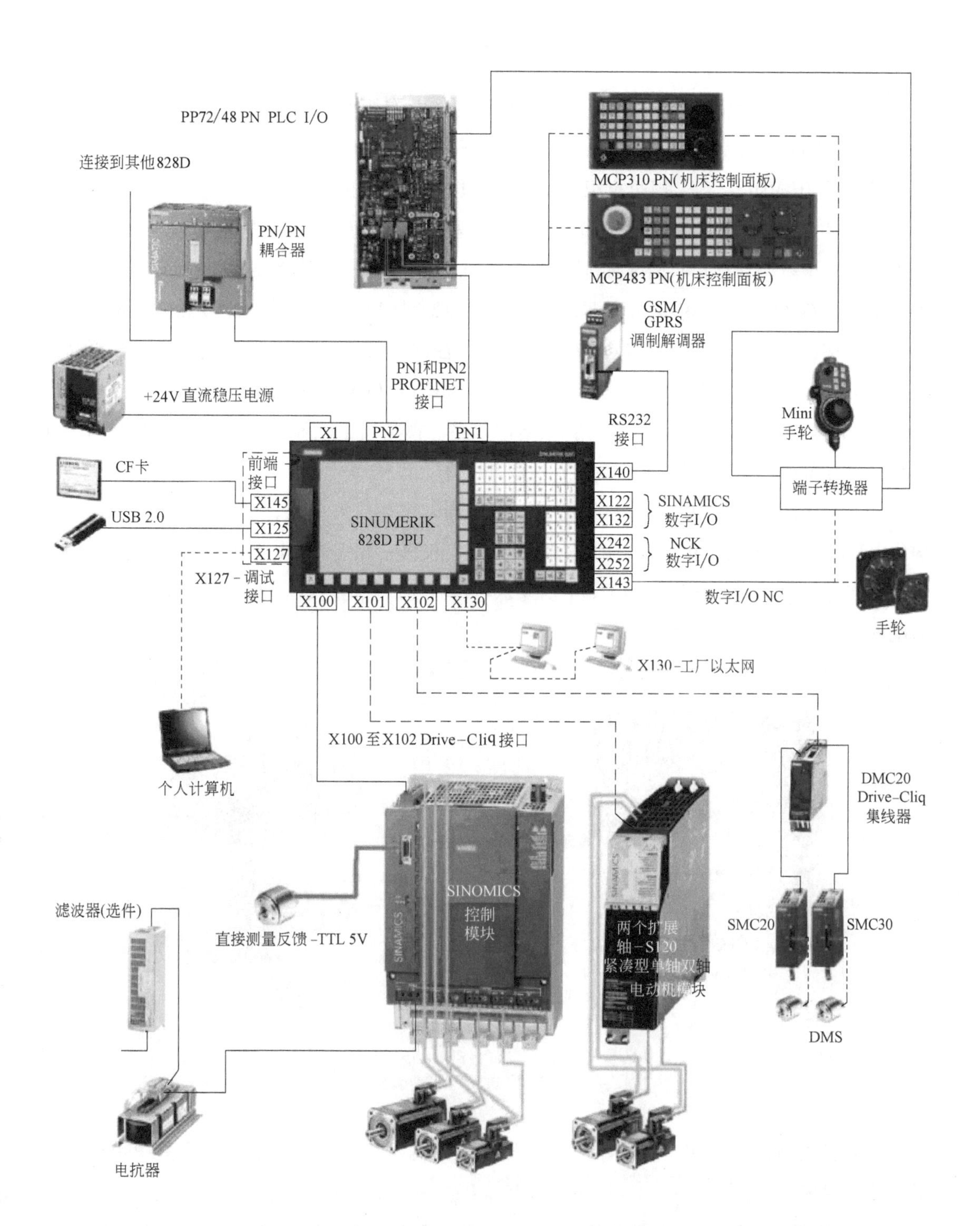

图 7-16 西门子 828D 数控系统连接（Combi 驱动器）

任务二 FANUC 0i-F 数控系统硬件组成及连接

在 2015 年北京国际机床展上，北京发那科机电有限公司在国内首次发布和展出了 FANUC 0i Model-F 系列纳米 CNC 系统。全新的 FANUC 0i Model-F 系统与以往不同，不再区分 0i 系列和 0i-Mate 系列，用户可根据实际需求选择最合适的系统配置。

在软件和硬件方面，FANUC 0i-F 系统是基于 FANUC 30i-B 系列 CNC 开发的，与 FANUC 30i-B 系列具有相同的显示页面和操作性，并支持相同的网络、维护和 PMC 功能；可以配置全新的 αi-B 和 βi-B 系列驱动器，具有更高的性价比；支持更高速的 FSSB 和 I/O Link i，一根电缆的 I/O 点数增加一倍，相比于以往的 0i 系列具有更省配线、可靠性更高的特点，可以提供极为出色的机床运转率。此外，FANUC 0i-F 系统还将计算机上的便利性应用到 CNC 上，可在 CNC 上直接运行存储卡内程序、模具加工软件包、平滑公差控制和 15in 液晶显示屏幕等功能配置均为 0i 系列首次新增。

一套完整的 FANUC 0i-F 系统，由 CNC 控制器、驱动放大单元、I/O 单元及伺服电动机构成。FANUC 0i-F 系统相比以前的 FANUC 系统，仅需一根 FSSB 电缆连接进给和主轴伺服驱动，与主轴放大器的连接使用 FSSB 光缆，不再需要以往的电缆，进一步减少了与 CNC 间的配线连接，如图 7-17 所示。

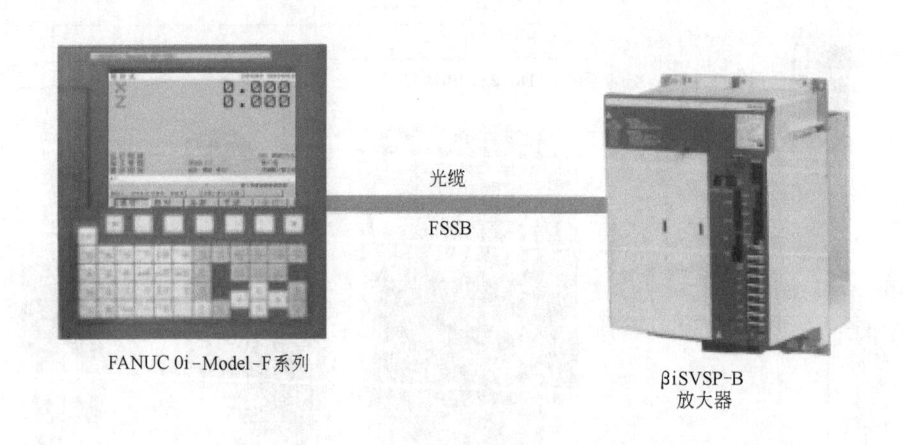

图 7-17 CNC 控制器与驱动装置连接

CNC 控制器由主 CPU、存储器、数字伺服轴控制卡、主板、显示卡、内置 PMC、LCD 显示器等组成。

图 7-18 所示为配备 αi 驱动装置的 FANUC 0i-F 系统连接框图，图 7-19 所示为配备 βi 驱动装置的 FANUC 0i-F 系统连接框图。

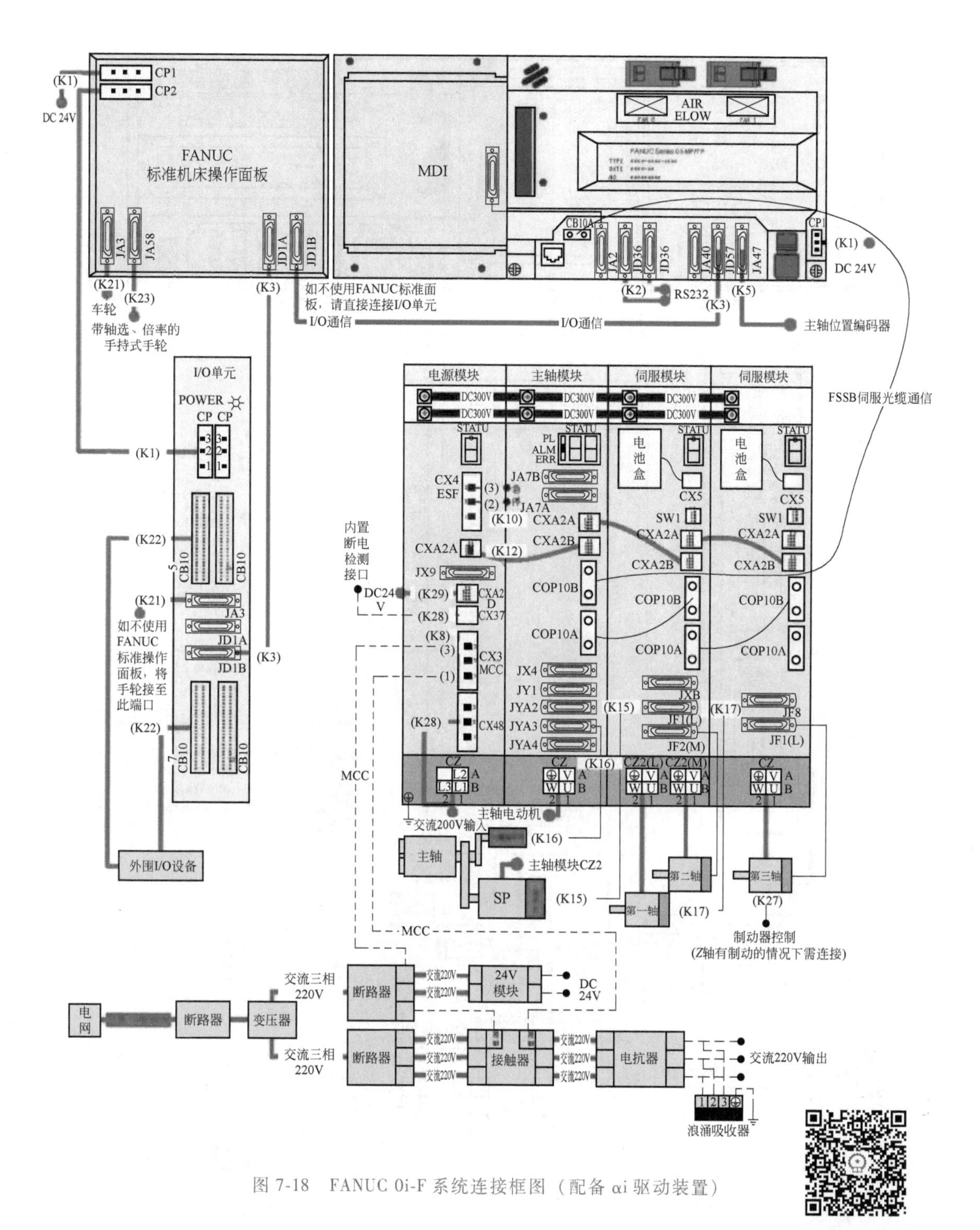

图 7-18 FANUC 0i-F 系统连接框图（配备 αi 驱动装置）

FANUC 0i-F
系统的硬件

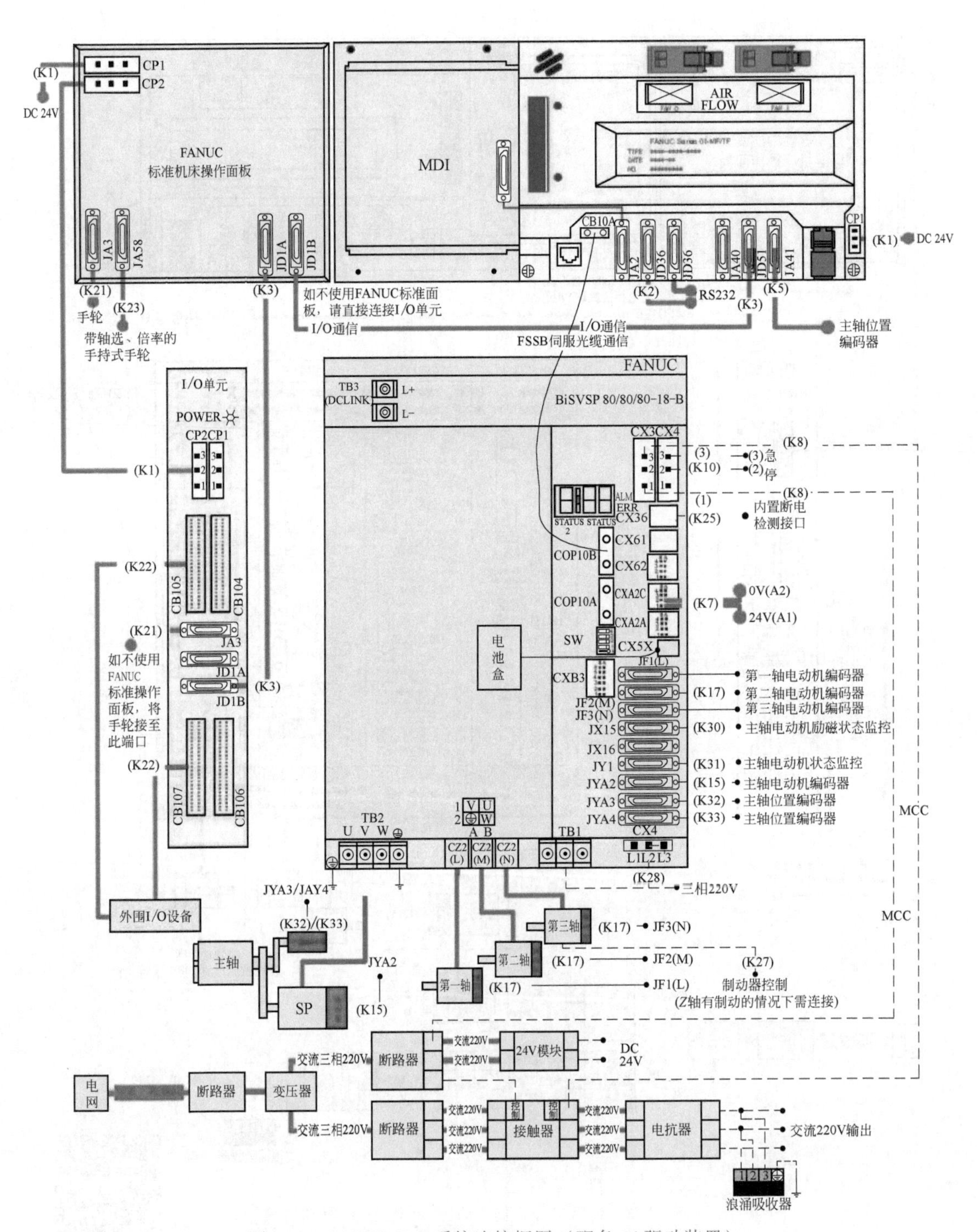

图 7-19 FANUC 0i-F 系统连接框图（配备 βi 驱动装置）

任务三　HNC 818T 数控系统硬件组成及连接

在 2012 年北京国际机床展上，华中数控股份有限公司正式推出了华中 8 型高性能数控系统。HNC-8 系列数控系统是华中数控股份有限公司通过自主创新研发的新一代基于多处理器的总线型高档数控系统，有 HNC-848 高档型数控系统、HNC-818 标准型数控系统和 HNC-808 精简型数控系统三种类型。该系列产品是全数字总线式数控装置，采用模块化、开放式体系结构；基于具有自主知识产权的 NCUC 工业现场总线技术；支持总线式全数字伺服驱动单元和绝对值式伺服电动机；支持总线式远程 I/O 单元；集成手持单元接口，采用电子盘程序存储方式，支持 CF 卡、USB、以太网等程序扩展和数据交换功能；采用 LED 液晶显示屏，包括 8.4in、10.4in、15in 三种规格；主要应用于数控车削中心、铣削中心、车铣复合、多轴、多通道等高档数控机床。HNC-8 系列数控装置最大通道数为 10 通道，每通道最大联动轴数为 9 轴，每通道最多主轴数为 4 轴，最大同时运动轴数为 64 轴。

一、综合接线

图 7-20 所示为 HNC-8 系列数控装置与其他装置、单元连接的总体框图。

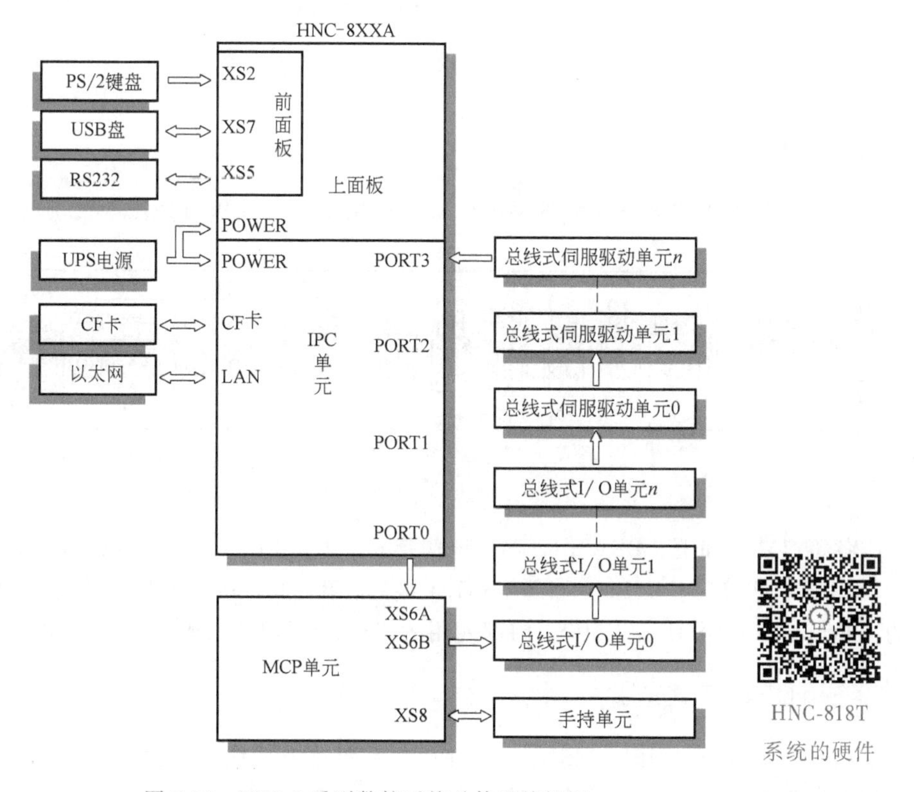

图 7-20　HNC-8 系列数控系统总体连接框图

HNC-8 系列数控系统采用 NCUC 工业现场总线，以串联的方式通过 IPC 单元总线接口 PORT0~PORT3 控制总线 I/O 单元、总线伺服驱动单元等总线设备，最多支持 128 个设备。

HNC-8 系列数控系统采用 UPS 电源（HPW-145U）供电。HNC-8 系列数控装置仅在手持单元接口（XS8）中有少量 PLC 输入/输出信号，因此，需要通过总线 I/O 单元扩展外部 PLC 输入/输出信号。通过总线最多可扩展 16 个总线 I/O 单元，其中 HIO-1000A 型 I/O 单元可提供 1 个通信子模块和 8 个功能子模块插槽；HIO-1000B 型 I/O 单元可提供 1 个通信子模块和 5 个功能子模块插槽；功能子模块包括开关量输入/输出子模块、模拟量输入/输出子模块、轴控制子模块等。HNC-8 系列数控装置的手持单元为选件配置。

HNC-8 系列数控装置实物如图 7-21 所示。

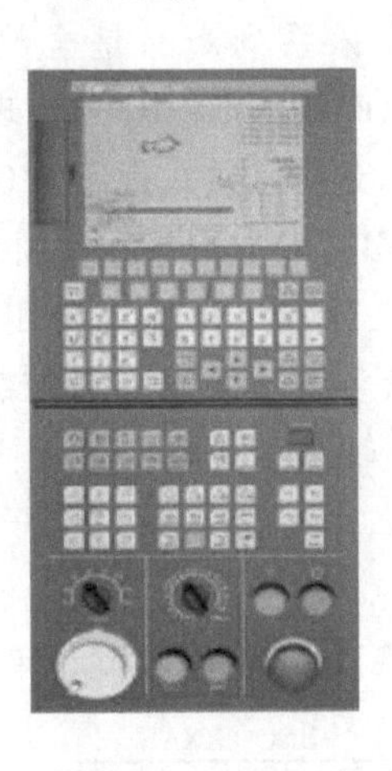

图 7-21 HNC-8 系列数控装置实物图

二、IPC 单元

IPC 单元是 HNC-8 系列数控系统的核心控制单元，其接口如图 7-22 所示。

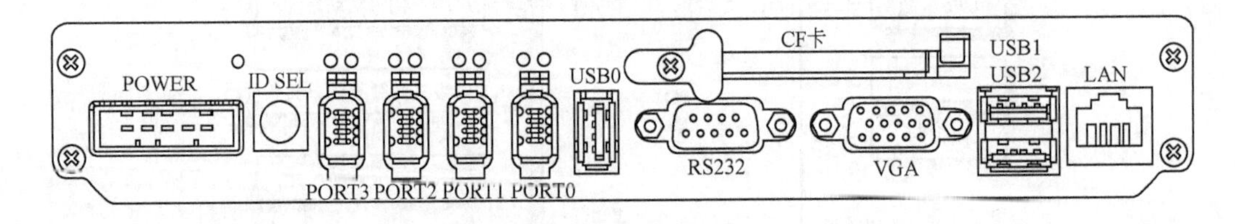

图 7-22 IPC 单元的接口

各接口功能如下：POWER，24V 电源接口；ID SEL，设备号选择开关；PORT0～PORT 3，NCUC 总线接口；USB0，外部 USB1.1 接口；RS232，内部使用的串口；VGA，内部使用的视频信号口；USB1 和 USB2，内部使用的 USB2.0 接口；LAN：外部标准以太网接口。

三、UPS 开关电源

UPS 开关电源（HPW-145U）是 HNC-8 系列数控系统所需的开关电源。该开关电源具有掉电检测及 UPS 功能，共有 6 路额定输出电压 DC+24V，总额定输出电流 6A，额定功率 145W，具有短路保护、过电流保护功能。

UPS 开关电源的接口如图 7-23 所示。其中，J1 为交流电输入端口，J2、J3 为 DC+24V 输出端口，J4、J5 为带 UPS 功能的 DC+24V 输出端口。UPS 电源可以对数控系统进行保护。

四、总线式 I/O 单元

总线式 I/O 单元通过总线最多可扩展 16 个 I/O 单元，采用不同的底板模块可以组建两种 I/O 单元。其中，HIO-1009 型底板子模块可提供 1 个通信子模块插槽和 8 个功能子模块插槽，组建的 I/O 单元称为 HIO-1000A 型总线式 I/O 单元；HIO-1006 型底板子模块可提供 1 个通信子模块插槽和 5 个功能子模块插槽，组建的 I/O 单元称为 HIO-1000B 型总线式 I/O 单元。功能子模块包括开关量输入/输出子模块、模拟量输入/输出子模块、轴控制子模块等。开关量输入/输出子模块可提供 16 路开关量输入或输出信号，模拟量输入/输出子模块可提供 4 通道 A/D 信号和 4 通道 D/A 信号，轴控制子模块可提供 2 个轴控制接口，包含脉冲指令、模拟量指令和编码器反馈接口。开关量输入子模块有 NPN、PNP 两种接口可选，输出子模块为 NPN 接口，每个开关量均带指示灯。

通信子模块 HIO-1061 负责完成与 HNC-8 系列数控系统的通信功能（X2A、X2B 接口）并提供电源输入接口（X1 接口），外部开关电源输出功率应不小于 50W，其功能及接口如图 7-24 所示。其中，X1 给通信子模块提供 24V 电源，X2A、X2B 是数据发送和接收接口，按照“级联”方式连接。

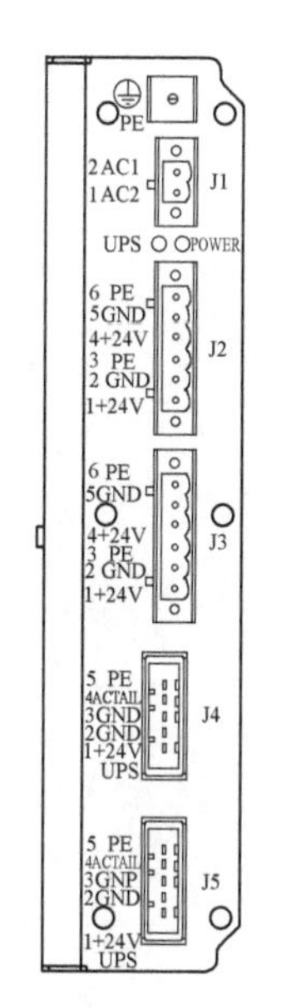

图 7-23 UPS 开关电源接口

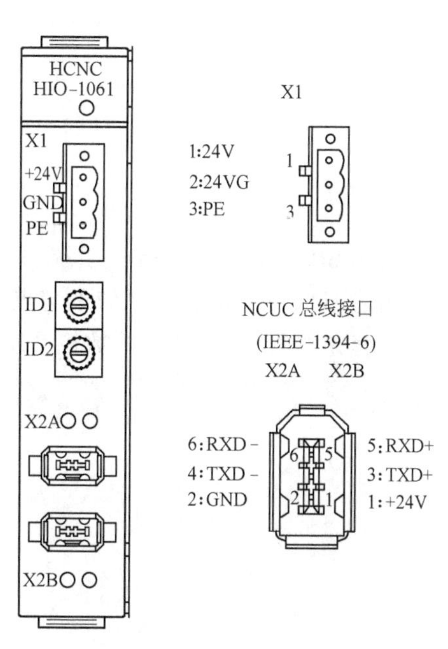

图 7-24 通信子模块接口

注意：由通信子模块引入的电源为总线式 I/O 单元的工作电源，该电源与输入/输出子模块涉及的外部电路（即 PLC 电路，如无触点开关、行程开关、继电器等）分别采用不同的开关电源，后者称为 PLC 电路电源；输入/输出子模块 GND 端子与 PLC 电路电源的电源地可靠连接。

五、手持单元

手持单元提供急停按钮、使能按钮、工作指示灯、坐标选择（OFF、X、Y、Z、4）、倍率选择（X1、X10、X100）及手摇脉冲发生器。

手持单元仅有一个 DB25 接口，如图 7-25 所示。

手持单元接口插头连接到 HNC-8 系列数控系统的手持控制接口 XS8 上。

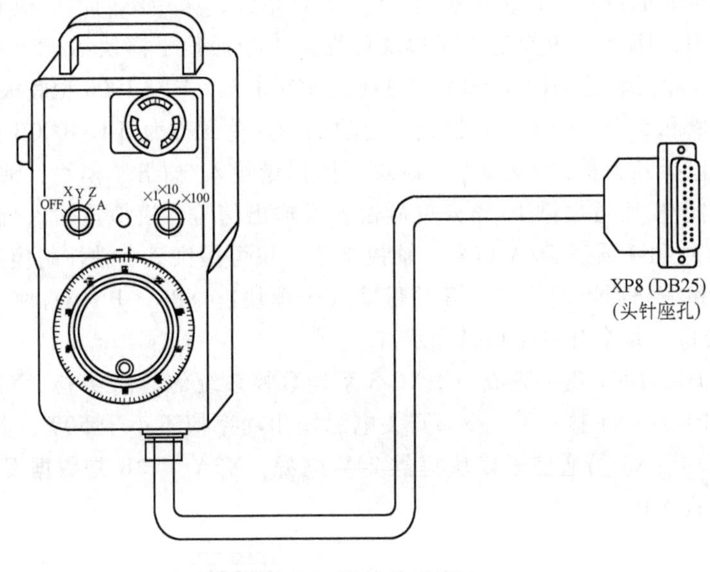

图 7-25 手持单元接口

习 题

1. 简述 SIEMENS 828D 数控系统的硬件组成。
2. 简述 HNC-8 系列数控系统的特点。
3. 一套完整的 FANUC 0i-F 数控系统由哪几部分组成？

参 考 文 献

[1] 郑晓峰. 数控原理与系统 [M]. 北京：机械工业出版社，2016.

[2] 周德卿，张承阳. 机床数控原理与系统 [M]. 北京：机械工业出版社，2015.

[3] 崔元刚，数控机床及加工技术 [M]. 北京：北京理工大学出版社，2016.

[4] 刘军，张秀丽. 机床数控技术 [M]. 北京：电子工业出版社，2015.

[5] 于超，杨玉海，郭建烨. 机床数控技术与编程 [M]. 2 版. 北京：北京航空航天大学出版社，2015.

[6] 韩俊凯，张素芳. FANUC 数控系统输入/输出故障诊断 [J]. 中国设备工程，2017 (13)：50-51.

[7] 张培. 基于 SIEMENS 828D 系统的数控机床定位精度的检测及补偿方法 [J]. 科技展望，2016，26 (24).

[8] 闫茂松. 基于华中 8 型系统的机床误差补偿技术研究 [D]. 武汉：华中科技大学，2016.

[9] 刘萍，汪木兰，赵超. 数控系统数字积分法插补原理研究与仿真 [J]. 制造业自动化，2015 (19)：23-25.

[10] 乔东凯. PLC 在数控机床开发中的应用 [J]. 机械与电子，2015 (1)：37-39.

[11] 李葆平. 西门子 840D 数控系统故障诊断与维修 [J]. 设备管理与维修，2018，01：42-43.

[12] 范恒. 海德汉 TNC426 数控系统故障维修 [J]. 制造技术与机床，2018，02：170-172.

[13] 王其，于海勃，赵训茶. 西门子 840D 数控系统故障诊断与维修 [J]. 设备管理与维修，2019，02：89-90.